示波器使用与检修应用

付少波 主 编

化学工业出版社

·北京·

图书在版编目(CIP)数据

示波器使用与检修应用/付少波主编 . —北京：化学
工业出版社，2012.10（2022.2 重印）
ISBN 978-7-122-15127-8

Ⅰ.①示… Ⅱ.①付… Ⅲ.①示波器-使用②示波器-
检修 Ⅳ.①TM935.307

中国版本图书馆 CIP 数据核字（2012）第 195656 号

责任编辑：宋　辉　　　　　　　　　　装帧设计：韩　飞
责任校对：宋　玮

出版发行：化学工业出版社（北京市东城区青年湖南街 13 号　邮政编码 100011）
印　　装：天津盛通数码科技有限公司
850mm×1168mm　1/32　印张 7¾　字数 210 千字
2022 年 2 月北京第 1 版第 9 次印刷

购书咨询：010-64518888　　　　　　售后服务：010-64518899
网　　址：http://www.cip.com.cn
凡购买本书，如有缺损质量问题，本社销售中心负责调换。

定　　价：28.00 元

前　言

示波器作为现代电子测量的重要工具，是在电子产品的研发、调试和维修过程中一种最常用的测试仪表。

示波器是测量信号波形的专用仪器，除了用于观测信号的波形，还可测量信号的电压、电流、频率、相位差、失真度等。随着新电路、新器件的应用，特别是数字电子技术的大量应用，越来越多的工程技术人员领略到示波器强大的检测优势。

为了帮助广大初学者和广大电子爱好者较快、较全面地学习和掌握电子测量技术，结合我们长期的教学工作实践，编写了此书。本书从实用的角度出发，较为系统地介绍了示波器的基本结构、工作原理、测量技术以及如何利用示波器检修彩色电视机、VCD、开关电源、彩显、电磁炉等常用的电器设备。同时，全书理论与维修实践紧密结合，注重方法和思路、注重技巧与操作，图文并茂，通俗易懂。

全书共有13章，编者从示波器的基础知识入手，再到示波器的测量技术、操作步骤和检测技巧，结合常用的电器设备维修，给出具体维修实例。

本书由付少波主编，付兰芳、胡云朋、孙昱副主编，赵玲、李志勇、刘卜源、赵建辉、张淼、何惠英、李纪红、沈虹、柳贵东、俞妍、陈影、范毅军等同志也参与了部分章节的编写工作。具有丰富实践经验的张宪和李良洪同志对全书进行了审校，在此一并表示感谢！

我们衷心希望本书能对从事家电维修的人员和广大电子技术爱好者有所帮助。由于编者水平有限，书中不妥之处在所难免，更希望业内专家和学者以及广大读者朋友能提出宝贵意见和建议。

编者

目　录

第 1 章 绪 论

电子示波器能够直观地看到电信号随时间变化的波形，如直接观察并测量信号的幅度、频率、周期等基本参量。它不但可将电信号作为时间的函数显示在屏幕上，而且还可以直观观测到一个脉冲信号的前后沿、脉宽、上冲、下冲等参数，这是其他电子测量仪器很难做到的。同时，示波器测试还是多种电量和非电量测试中的基本技术，因此，示波器是时域分析的最典型仪器，也是电子测量技术应用中最广泛的仪器之一。它普遍地应用于国防、医学、生物科学、地质和海洋科学、力学和地震科学等领域。因此，正确、熟练地使用示波器是工程技术人员的一项基本功。

根据不同测试领域的特点，已出现多种不同用途的示波器。从性能和结构特点出发可分为以下几类：

① 通用示波器——采用单束示波管，如简易示波器、单踪示波器、多踪示波器。

② 多束示波器——采用多束示波管，在屏幕上可同时显示两个以上的波形，它的每个波形分别由单独的电子束产生，易于观察与比较两个以上的信号。

③ 取样示波器——采用取样技术，将高频信号转换为低频信号进行测量，可扩展 Y 通道带宽。如高阻取样示波器、低阻取样示波器等。

④ 记忆和数字存储示波器——除了具有通用示波器的功能外，还具有记忆功能。其中，用记忆示波管实现存储信息功能的示波器称为记忆存储示波器；借助现代计算机技术和大规模集成电路实现对信号存储的示波器称为数字存储示波器。

⑤ 特种示波器——为满足特殊测量需要而设计的示波器，如矢量示波器、高压示波器、雷达示波器、示波表等。

示波器主要具有以下特性：

① 由于电子束的惯性小，因而速度快，工作频带宽，便于观察高速变化的波形的细节；

② 输入阻抗高，对被测信号影响小。能显示信号波形，可测量瞬时值，具有直观性；

③ 测量灵敏度高，具有较强的过载能力；

④ 随着微处理器、单片机和计算机技术在电子示波器领域的广泛应用，使电子示波器的测量功能更加强大，示波器可将温度、压力、振动、密度、声、光、磁、热等信号转换成电信号直接观测。

第2章 模拟示波器

2.1 模拟单踪示波器

单踪示波器只有一个信号输入端,在屏幕上只能显示一个信号,只能检测波形的形状、频率和周期。

2.1.1 单踪示波器基本组成

单踪示波器一般由显示电路、垂直(Y轴)放大电路、水平(X轴)放大电路、扫描与同步电路、电源供给电路等几部分组成,如图2-1所示。

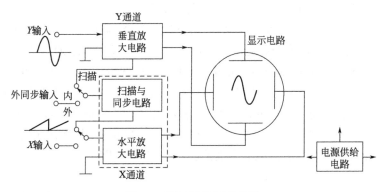

图 2-1　示波器的原理框图

2.1.1.1 显示电路

显示电路包括示波管及控制电路两个部分。示波管是一种特殊的电子管,是示波器的一个重要组成部分。目前示波器中所采用的示波管都是具有静电偏转的阴极射线示波管,由电子枪、偏转系统和荧光屏3个部分组成。

(1)电子枪。电子枪由灯丝F、阴极K、控制栅极G、第一阳极A1和第二阳极A2组成。当灯丝F通电后,加热阴极,涂有氧化物的阴极射出大量电子，电子在阳极的正电压吸引下，穿过控制栅极中心，形成电子束，轰击荧光屏上的荧光粉发光。

调节栅极电压就能控制阴极发射电子束的强弱，进而调节光点明暗，这个调节过程称之为"辉度"调节。

当电子束离开栅极小孔时，电子相互排斥而发散，于是引入第一阳极 A1，即聚焦极，引入第二阳极 A2，即加速极。利用第一、第二阳极之间的相对电位形成电场，使高速电子打到荧光屏上形成电子束，使波形清晰可见，调节 A1 电位的电位器在面板上称为"聚焦"旋钮；调节 A2 电位的电位器在面板上称为"辅助聚焦"旋钮。

（2）转板构成。每对偏转板的相对电压将影响电子运动的轨迹。如果只在 X 轴偏转板上加直流电压，电子束通过偏转板间的电场时，受电场力的作用使光点向左或向右偏移。同理，如果只在 Y 轴偏转板上加直流电压，光点将向上或向下偏移。两对偏转板的共同作用，才决定了任一瞬间光点在屏上的位置。

（3）荧光屏。示波器荧光屏的内壁涂有一层荧光粉，当高速电子轰击荧光屏上的荧光物质时，荧光将电子的运动转换为光能，产生亮点。光点的亮度取决于轰击电子束的数目、密度和速度。光点发光后，如无电子连续轰击，该点尚能延续发光一段时间，这种现象称为"余辉"。荧光屏余辉时间的长短随着各种荧光物质的不同而不同，一般可分为极短余辉（$\leqslant 10\mu s$）、短余辉（$10\mu s \sim 10ms$）、中余辉（$1ms \sim 0.1s$）、长余辉（$0.1 \sim 1s$）和极长余辉（$\geqslant 1s$）等几种。

2.1.1.2　垂直（Y 轴）放大电路

由于示波管的偏转灵敏度很低，如常用的示波管 13SJ38J 型，其垂直偏转灵敏度为 0.86mm/V，这样被测信号电压都要先经过垂直放大电路的放大，再加到示波管的垂直偏转板上，以得到垂直方向的适当大小的图形。

2.1.1.3　水平（X 轴）放大电路

由于示波管的水平偏转灵敏度也很低，介入示波管水平偏转板的电压信号也要先经过水平放大电路的放大，再加到示波管的水平偏转板上，以得到水平方向上的适当大小的图形。

2.1.1.4 扫描与同步电路

扫描电路是用来产生一个锯齿波电压,其频率在一定范围内连续可调。该锯齿波电压的作用是使示波管阴极发出的电子束在荧光屏上形成周期性的、与时间成正比的位移,即时间基线。这样才能把加在垂直方向的被测信号按时间的变化将波形展现在荧光屏上。

2.1.1.5 电源供给电路

电源供给电路的作用是为示波管和其他单元电路提供所需的各组高低压电源,以保证示波器各部分的正常工作。

2.1.2 波形显示原理

当示波管未加偏转电压时,电子束打在荧光屏中心位置上而产生亮点。当在示波管 X 和 Y 轴偏转板上都加直流电压时,也可以在荧光屏上得到一个位置产生变化的亮点。每个亮点所在的位置都可以设为起始点。

当示波器垂直偏转板上加有频率为 f_y 的待测信号电压 u_y(假设为正弦电压),水平偏转板上加有同频率锯齿波电压 u_x 时,电子束的偏转是垂直和水平两个电场力合成的结果,是电子束在荧光屏上扫描出随时间连续变化的电压波形,如图 2-2 所示。

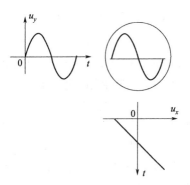

图 2-2 波形显示原理

当待测信号的频率 f_y 与扫描电压频率 f_x 相等时,荧光屏上就会显示出一个正弦波的图形。如果 $f_y = nf_x$,$n = 2$,3,…时,则荧光屏上将会出现 2 个,3 个,…波形。要在荧光屏上得到稳定而正确的波形,必须维持被测信号的频率 f_y 为扫描频率 f_x 的整数倍。在示波器内部，取用被测信号的部分电压或电源的部分电压，来调整锯齿波的周期，强迫扫描电压与信号同步，使 f_y 与 f_x 稳定地呈整倍数的关系，这就是"同步"作用。

在图 2-3 为显示正弦信号波形的例子。显然，若只在 X 偏转板加锯齿电压，Y 偏转板电压为 0，则荧光屏显示出在 x 轴上的一条直线；若只在 Y 偏转板加正弦电压，X 偏转板电压为 0，则荧光屏显示出在 y 轴上的一条直线；容易理解，当 X、Y 偏转板同时加上图 2-3(a) 所示的电压波形时，屏幕才会显示出图 2-3(b) 所示的图形。

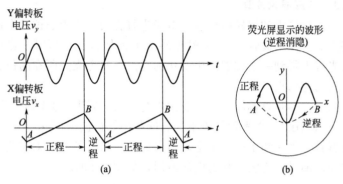

图 2-3　$f_y = 2f_x$ 时的波形显示

X 偏转板锯齿电压 AB 段的直线特性很重要，因为它是在 X 方向线性扫描的基础，使时间跟扫描距离成正比。比例常数就是 x 单位长度代表的时间 t 值。可见，x 坐标实际也是被显示波形的时间坐标。

在图 2-3 中，每个 AB 正程扫描段的波形都是相同的，在屏幕上显示的波形是精确重叠的。所以我们能看到清晰稳定的正弦波形。屏幕图像稳定的条件是：$f_y = nf_x$（n 是正整数）。若这个条件不满足，则屏幕上的波形会或左或右跑动、不稳定，甚至一片模糊。图 2-3 所示的波形是当 $f_y = 2f_x$ 时的波形。

2.1.3　X-Y 显示原理

X 和 Y 两个偏转系统分别加上不同的电压 u_x、u_y，在不同的电压频率下，显示出来的波形是不尽相同的。适当调节电压频率，屏幕上有时会显示出一个完整的正弦波形，有时会显示出几个完整的波形，有时还会出现波形的移动和重叠现象。

当示波器垂直、水平偏转板上加有同一频率的 u_x、u_y 电压信号时，电子束受到垂直、水平偏转板的共同作用，使电子束在荧光屏上扫描出随时间变化的电压波形，如图 2-4 所示。

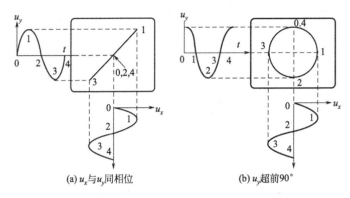

(a) u_x 与 u_y 同相位   (b) u_y 超前 90°

图 2-4   两个同频率信号构成的李沙育波形

如果这两个信号初相位相同，则可在荧光屏上画出一条直线；若 X、Y 方向的偏转距离相同，这条直线与水平轴呈 45°，如图 2-4（a）所示。如果这两个信号初相位相差 90°，则在荧光屏上画出一个正椭圆，若 X、Y 方向的偏转距离相同，则在荧光屏上画出一个圆，如图 2-4(b) 所示。

这样的 X-Y 图示仪可以应用到很多领域。在用它显示图形之前，首先要把两个变量转换成与之成比例的两个电压，分别加到 X、Y 偏转板上。荧光屏上任一瞬间光点的位置都是由偏转板上两个电压的瞬时值决定的。由于荧光屏由余辉时间并且人眼有残留效应，从荧光屏上可以看到全部光点构成的曲线，它反应两个变量之间的关系。

2.2 模拟双踪示波器

2.2.1 双踪示波器的基本组成

由于测量的实际需要，有时需要同时显示两个相关而又相互独立的被测信号之间的时间、相位及幅度的关系，或者为了实现两个信号的"和"、"差"显示，人们在应用普通示波器的基础上，在 Y 通道中多设一个前置放大器和垂直开关电路，利用垂直开关，采用时间分割的方法轮流地将两个信号接至同一垂直偏转板，实现双踪显示，这就是双踪示波器。图 2-5 是双踪示波器的基本组成框图。

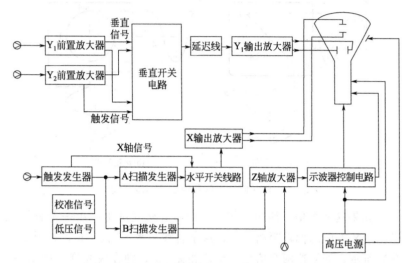

图 2-5　双踪示波器的基本组成框图

2.2.2　双踪示波器的工作方式

双综示波器主要有 5 种工作方式，即 Y_1、Y_2、$Y_1 \pm Y_2$、交替和断续。前三种均为单踪显示，Y_1 和 Y_2 与普通单踪示波器显示原理相同，只显示一个信号；$Y_1 \pm Y_2$ 显示的波形为两个信号的"和"或"差"；交替和断续为双踪显示，下面简要介绍交替和断续显示方式。

（1）交替显示方式

交替方式的双踪显示原理是：当电子束第一次扫描时，将 Y_1 通道的被测信号作用到垂直偏转板。第二次扫描时将 Y_2 通道的被测信号作用到垂直偏转板，如此交替反复，使得 Y_1 和 Y_2 两个通道的被测信号同时显示到显示屏上。Y_1、Y_2 两个通道的被测信号在作用到示波管的垂直偏转板之前要经过各自的电子开关，电子开关的通断状态受控制脉冲的控制。示波器可以从扫描锯齿波形成电路中取得与扫描锯齿波同步的矩形脉冲，用这个矩形脉冲去控制一个通道的电子开关。再用这个矩形脉冲的反相波形去控制另一个通道的电子开关，使得两个电子开关交替通断，交替方式双踪显示如图 2-6(a) 所示。

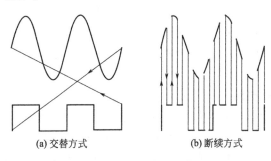

(a) 交替方式　　　　　　　　(b) 断续方式

图 2-6　双踪显示方式

由于两个波形轮流显示时交替的速度很快，只要交替频率大于 25Hz（荧光屏有一定的余辉时间，人眼也有视觉滞留效应），就可得到两个波形同时显示的效果。利用交替方式显示两个信号的时间差或相位差时，需注意选择相位超前的信号作为固定的内触发源，或采用外触发方式。交替显示方式只适用于显示频率较高的被测信号，因为扫描频率过低时会产生明显的闪烁。

（2）断续显示方式

由于交替显示方式在被测信号的频率较低时容易出现亮度的闪烁感，所以示波器中还设置了一种断续显示方式。

断续显示方式也是采用使两个垂直通道的电子开关轮流通断的方法，但是与交替显示方式不同的是这种轮流通断不与水平扫描锯齿波同步。它是在示波器中设置一个频率在 100～1000kHz 之间的方波振荡器，用这个振荡器输出的两路互为反相的方波去控制两个垂直通道的电子开关。当两路被测信号频率较低时，示波管在某一时刻显示 Y_1 通道的被测信号波形的一小段，下一时刻则显示出

Y_2 通道的被测信号的一小段……如此周而复始。这样，无论是 Y_1 通道还是 Y_2 通道的被测信号，在显示屏上看起来都是由一段一段组成的，交替方式双踪显示如图 2-6(b) 所示。

当被测信号频率比较低时，周期比较长，示波器上显示出如一个周期的被测信号，则在扫描锯齿波正程期的时间内，就对应着多个控制电子开关的矩形脉冲周期，这样显示波形的点数就很密集，以至于根本就看不出来。反之，所显示波形点数就会很少，以至于影响波形的完整性。所以断续方式适用于显示较低频率的信号（频率不超过几十赫兹），当被测信号的频率较高或显示窄脉冲时可能看到断续现象。

2.2.3　Z轴电路

为了保证在荧光屏上能显示出清晰明亮的被测信号波形，抹去不必要显示的光点轨迹，示波管还设有 Z 轴电路。它用于在扫描回程开始到触发脉冲到来并启动扫描之前，使电子束截止，而在正程期间让电子束通过。如果需外加信号来对显示图形进行调亮，也可在 Z 轴电路进行。其原理是：在扫描正程期间，由扫描闸门开关电路提供一个与扫描正程等宽的方波脉冲信号，经 Z 轴电路放大后以正极性加到示波管栅极，提高栅极电压，增大电子束，增强被显示信号的辉度，这称为增辉。

此外在双踪示波器中，需要对波形变换过程的光点轨迹进行清理。在交替扫描状态下，消隐信号由扫描电路产生的逆程脉冲产生，在断续扫描状态则由垂直开关电路来提供消隐信号。消隐信号经 Z 轴电路放大后也加至示波管栅极，但由于它是负极性的，使得电子束截止。实际电路中，增辉和消隐信号及人工增辉控制信号混合在一起，统称为增辉信号，经 Z 轴放大后再加至栅极电路，对示波管的辉度进行控制。

第3章 数字存储示波器

具有波形存储功能的示波器称为存储示波器，而将信号以数字形式存储于半导体存储器中的示波器，称为数字存储示波器（DSO，Digital Storage Oscilloscope）。它借助于数字存储技术，改变了传统模拟示波器的工作方式。测量时，首先对信号进行取样，经 A/D 转换器转换为数字量，存入到半导体存储器中，然后根据测量需要，再取出存储的内容，经 D/A 转换器转换为模拟量后，把被测波形显示在示波管上。

3.1 数字存储示波器的组成和原理

数字存储示波器工作原理框图如图 3-1 所示，它是由前置放大器、数据采集与 A/D 转换器、随机存储器（RAM）、垂直 D/A 转换器、垂直输出放大器、触发电路、时钟时基电路、水平 D/A 转换器、水平输出放大器及微处理器（控制逻辑）等组成的。

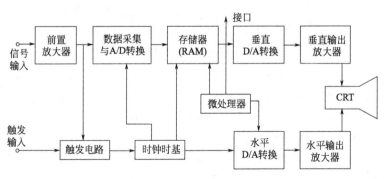

图 3-1　数字示波器组成框图

3.1.1 系统控制部分

系统控制部分是由图 3-1 中的微控制器、只读存储器（ROM）

及 I/O 接口组成。微控制器控制所有 I/O 口，随机存储器（RAM）的读/写，以及地址总线和数据总线的使用。在 ROM 内写有仪器的管理程序，在管理程序的控制下，对键盘进行扫描而产生识别码，然后根据识别码所提供的信息去完成开关切换及设定测试功能等工作。

3.1.2 取样和存储过程

取样和存储部分是由输入通道、数据采集与 A/D 转换器、数据存储器等组成。取样和存储部分的工作过程如图 3-2 所示。

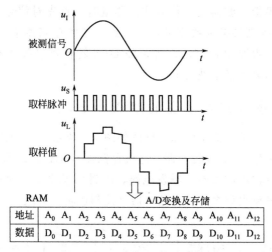

图 3-2 数字示波器取样和存储过程

由取样保持电路产生取样脉冲，对被测信号 u_1 取样，量化电压 u_S 经 A/D 转换器变换成数字量 D_0，$D_1 \cdots D_n$，存入信号数据存储器（RAM）中首地址为 A_0 的 n 个存储单元。

3.1.3 读出和显示过程

读出和显示部分是由 D/A 转换器、垂直输出放大器、水平输出放大器和示波管电路等组成。读出和显示部分工作过程如图 3-3 所示。

从 RAM 中找到首地址 A_0，依次读出所存数据 D_0，$D_1 \cdots D_n$，经 D/A 转换器将数字量转换为模拟量，量化电压 u_y 的每个阶梯的

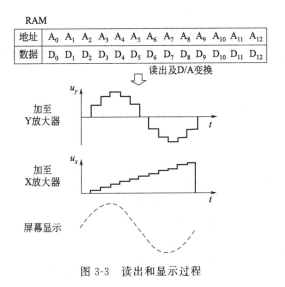

RAM

地址	A_0	A_1	A_2	A_3	A_4	A_5	A_6	A_7	A_8	A_9	A_{10}	A_{11}	A_{12}
数据	D_0	D_1	D_2	D_3	D_4	D_5	D_6	D_7	D_8	D_9	D_{10}	D_{11}	D_{12}

读出及D/A变换

加至
Y放大器

加至
X放大器

屏幕显示

图 3-3　读出和显示过程

复制与采样存储时的取样值成正比。与线性阶梯扫描电压共同作用，在屏幕上形成不连续的光点合成被测波形。

3.2 数字存储示波器的特点

模拟示波器和数字示波器是同一类电子测量仪器，它们都是用来显示被测信号的电压波形的。模拟示波器运用传统的电路技术，在阴极射线管（CRT）上显示波形。而在数字示波器是将输入的待测信号进行采样、量化、存储，然后在存储器中取出量化值，将其转化成模拟量显示在屏幕上，即在数字示波器中信号的获取和显示是分开的。因而与传统的模拟示波器相比，数字示波器具有以下优点。

① 波形的采样/存储与波形的显示是独立的，因而可以无闪烁地观测变化极慢的信号。

② 可将已存储的波形与实时波形同时显示，以便于进行比较。

③ 多波形显示。数字存储示波器可存储多个波形，并能在屏幕上显示同一时间或不同时间发生的几个波形，可方便地进行

比较。

④ 具有存储触发前信息的功能。用数字存储示波器的预触发功能（负延迟触发）能观测触发前的信号，因而可捕获和显示故障发生前的信号，便于故障检测。

⑤ 多种显示方式。现代数字存储示波器具有灵活多样的显示方式，如基本存储显示、抹迹显示、卷动显示、放大显示、X-Y显示、测量结果的数字显示、波形与文字同屏显示、多种语言显示等，可适应不同情况下波形观测的需要。

⑥ 便于对数据进行分析、处理。数字存储示波器嵌入的微处理器具有强大的功能分析和处理能力，诸如信号的峰值、有效值和平均值的换算；波形的叠加运算、滤波、FFT 运算等。

⑦ 测量精度高

数字存储示波器的扫描速度由取样脉冲的时间间隔和扫描线上单位长度所具有的取样点决定。垂直精度是由 A/D 转换器的分辨率和基准电压决定。由于数字存储示波器的时钟是由晶振产生的，A/D 转换器都采用高分辨率和高稳定基准，另外在数字存储示波器中均采用数字光标测量，故测量精度大大提高。

⑧ 具有多种输出方式，便于进行功能扩展和自动测试。数字存储示波器存储的数据、显示的波形可在微处理器的控制下通过接口以各种方式输出，如直接在屏幕上用数字形式，或用 GPIB 接口总线或打印口、软驱等输出。

3.3 数字示波器的显示方式

数字示波器的显示方式通常有以下几种：存储显示、抹迹显示、卷动显示、放大显示、X-Y 显示等。

（1）存储显示

存储显示是数字示波器最基本的显示方式，适于一般信号的观测。它显示的波形是触发后所存储的一帧波形信号，即在一次触发形成并完成的一帧信号数据采集之后，经过显示前的缓冲存储，并控制缓冲存储器的地址顺序，依次将数据读出并经 D/A 转换稳定地显示在荧光屏上。

（2）抹迹显示

抹迹显示方式是在 CRT 屏幕从左至右更新数据。通过配置写、读和扫描计数器，当某存储单元有新的数据写入时，马上读出并显示出来，在屏幕上看到波形曲线自左向右刷新。

（3）卷动显示

卷动显示方式与数据的存储和读出方式有关。它适于观测缓慢变化信号中随机出现的突发信号。卷动显示的特点是：新数据出现在 CRT 屏幕最右边，并从右向左连续推出，相当于观测的时间窗口从左向右移动。

这种显示方式与抹迹显示方式的区别在于，抹迹显示方式无预触发功能。

（4）放大显示

放大显示适于观测信号波形细节，该方式是利用延迟扫描方式实现的。荧光屏一分为二，上半部分显示原波形，下半部分显示放大了的部分，其放大位置可用光标控制，放大比例也可调节，还可用光标测量放大部分的参数。

（5）X-Y 显示

X-Y 显示方式与通用示波器的显示方法基本相同，一般用于显示李沙育图形。

3.4 数字存储示波器的主要技术指标

（1）最高采样速率

最高采样速率是指单位时间内采样的次数，也称数字化速率，用每秒完成的 A/D 转换的最高次数来衡量，常以频率 f_s 来表示。数字存储示波器在测量时刻的实时采样速率可根据被测信号所设定的扫描时间因数来推算，其推算公式为

$$f_s = \frac{N}{t/\text{div}}$$

N 为每格的采样点数，t/div 为扫描时间因数（即扫描一格所

用的时间）。

（2）存储带宽

数字存储示波器的存储带宽分为单次信号存储带宽和重复信号存储带宽。对于单次信号和慢速变化的信号，数字存储示波器采用实时采样方式工作，其带宽取决于最大采样速率和所采用的显示恢复技术。对于重复信号，数字存储示波器采用顺序采样和随机采样技术，重复信号的存储带宽可达到示波器模拟应用时的带宽。

（3）分辨率

数字存储示波器的分辨率包括垂直分辨率和水平分辨率。垂直分辨率与 A/D 转换器的分辨率相对应，常以屏幕每格的分级数（级/div）或百分数来表示。水平分辨率由采样速率和存储器的容量决定，常以屏幕每格含多少个采样点或用百分数来表示。采样速率决定了两点之间的时间间隔，存储容量决定了一屏内包含的点数。

（4）存储容量

存储容量通常定义为获取波形的采样点的数目，它由采集存储器的最大存储容量来表示。数字示波器常采用 256、512、1k、4k 等容量的高速半导体存储器。

（5）扫描时间因数 t/div

扫描时间因数取决于来自 A/D 转换器的数据写入获取存储器的速度及存储容量。扫描时间因数为相邻两个采样点的时间间隔与每格采样点数的乘积，即

$$t/\mathrm{div}=\frac{1}{f_s}\mathrm{N}$$

由上式可以看出，在 A/D 变换速率相同的条件下，存储容量越大，则扫描时间因数也越大。

（6）测量准确度

测量准确度是指数字存储示波器在进行波形测量时，测量结果示值的最大误差。垂直通道和水平通道各有其准确度指标。

（7）触发延迟范围

触发延迟范围是指信号触发点与时间参考点之间相对位置的变化范围，又分为正延迟和负延迟，一般用格数或字节数表示。

（8）读写速度

读写速度是指由存储器中读出数据和写入数据的速度，一般用读或写一个字节所用的时间来表示。

第4章 示波器的探头和附件

4.1 示波器探头的基础知识

示波器探头是在一个测试点或信号源和一台示波器之间做的物理及电路的连接。示波器探头作为连接被测电路与示波器输入端的电子部件对测量结果的准确性以及正确性有重大影响。最简单的示波器探头可以是一根导线，复杂的探头由阻容元件和有源器件组成。简单探头没有采取屏蔽措施，很容易受到外界电磁场的干扰，而且本身等效电容较大，造成被测电路的负载增加，使被测信号失真。因此，示波器探头应满足如下技术要求：

① 屏蔽良好，信号不易受到外界干扰；

② 高输入阻抗，对被测电路的影响很小；

③ 在频率范围内特性平稳；

④ 与示波器相匹配的输出阻抗。

由于示波器测量应用及需求的广泛性，在市场上示波器探头的选择也很多。其中一类称为有源探头，探头内包含有有源电子元件，可提供放大能力；另一类不含有源元件的探头称为无源探头，只包含无源元件如电阻电容，这种探头通常对输入信号进行衰减。

4.1.1 无源探头

无源探头内只包含无源元件如电阻和电容，是目前最通用的普通探头，用来测量典型信号和电压电平。这种探头通常对输入信号有衰减。因为它们相对简单，而且无源探头是最经济的探头。它们易于使用并且也是探头中最广泛地被使用的类型。

无源电压探头的衰减因子可用 1X，10X，100X，它们为了不同的电压范围而设计。常用的无源探头最大测量的电压在400～500V 附近（直流＋交流峰值）。

与其它电路一样，所有示波器都具有其允许的有限带宽。此外，与示波器一样，探头的性能一般取决于带宽。因此，带宽为100MHz的示波器在100MHz点上的幅度响应低于3dB。类似地，探头带宽也可用示波器使用的同一公式表示

$$t_r(\text{ns}) = 350/BW(\text{MHz})$$

无源电压探头最通常是使用 $10\times$ 探头，并且作为示波器的一个代表性的标准附件。对于信号振幅是 1V 或小于 1V 的峰-峰值的应用，一个 $1\times$ 探头是更适当或者所说更必要的。若信号中有低振幅信号及中等振幅信号（几十伏特或几十毫伏）的混合，则一根 $1\times/10\times$ 可切换探头是非常便利的。一根可变换的 $1\times/10\times$ 探头本质上是在一起的两根不同的探头。不仅是它们有不同的衰减因子，它们的带宽、上升时间及阻抗（R 与 C）特征也是不同的。

大多数的无源探头设计为普通的示波器的应用。因此，它们的带宽典型范围从不到 100MHz 延伸到 500 MHz 以上。

还有一种提供更高带宽的无源探头，被称为 50Ω 探头。这种探头在 50Ω 环境下使用，其典型应用是高速设备，微波通信及时域反射计（TDR）。50Ω 探头有数千兆赫的带宽且有几个 100 ps 或更快的上升时间。

4.1.2 有源探头

有源探头内包含有源电子元件可以提供放大能力。这类探头的输入电容很小，探头的带宽要比无源探头宽。所以在测量高速、高频信号时得到广泛使用。

有源探头通常包含有源器件，例如晶体管。通常，有源设备是一只场效应晶体管（FET）。场效应管输入的优点是可提供一个很低的输入电容，典型值小于 1pF。有一些特定的场合需要极低的电容。由电容和容抗 X_c 的关系可以看出，既然容性电抗是一个探头的主要的输入阻抗元件，一个低值的电容意味着高输入阻抗。有源的场效应管探头一般具有从 500MHz 至高达 4GHz 的带宽。

除了更高的带宽，有源场效应管探头的高输入阻抗，允许在测量点进行未知阻抗的测量，它具有更小的对负载的影响。另外，既

然低电容减小了地线的影响，就可以使用更长的地线。然而，最重要的方面是，场效应晶体管探头提供很低的负载，使它们能够用于使用无源探头将带来严重负载的高阻抗电路。

既然具备如此高的带宽（如直流到 4GHz），那为什么还需要无源探头？因为有源探头没有无源探头那样的电压动态范围。有源探头的线性动态范围通常是 $\pm 0.6 \sim \pm 10V$。同样，它们能承受的最大电压小于 $\pm 40V$（直流＋交流峰值）。也就是说我们不能像使用一根无源探头一样，测量从毫伏到数十伏特的信号，并且有源探头可能在无意中测试高电压时损坏。它们甚至可能被静电损坏。然而，场效应晶体管探头的高带宽是其主要的优点，其线性电压范围已经包含典型的半导体系列电压值。有源的场效应晶体管探头，常用于低电压信号的测量，包括射极耦合逻辑、GaAs 及其它的快速逻辑系列。

4.1.3 差分探头

差分探头属于有源探头。随着信号速率提高，差分信号正变得越来越普遍。所谓差分信号就是信号互相参考，而不是参考地。差分探头一般可以实现更高的性能，提供高共模拟制比（CMRR），宽频率范围，在输入之间实现最小的时间偏移。具有高输入阻抗和低输入电容的特点。高带宽、低电路负载和低噪声的良好特性，为高速电路设计人员提供了方便。

差分信号用探头测量有两个基本的方法。一个常用方法是使用两根探头做两个单端信号测量，这也通常是做差分测量时最先想到的测量方法。因为双通道示波器有两根探头是可用的，此方法经常被使用。将所有的信号与地（单端）进行测量，使用示波器的数学功能，信号从一个通道减去另一个通道（通道 A 减通道 B 的信号），可非常完美地完成对差分信号的测量。对于低频信号，并且差信号幅度足够大，不会淹没于噪声的情况也许适用。但是这种测量方法将会有一些可能的问题。

一个问题是，有两个长并且分离的信号路径通过探头及每个示波器通道。这些路径之间的任何延迟差别将导致两个信号时间上的扭曲。在高速信号时，这一扭曲能导致确定差分信号时产生重大的振幅及定时错误。为了使这种影响减到最小，应该使用匹配的探头。

单端测量的另外一个问题是，它们不能提供足够的共模噪声抑制。许多小电压信号，例如磁盘读通道信号，被差分地传送以便于共模噪声的抑制及处理。在一个差分系统中，这个共模噪声应当从差分信号中减去。因为通道的差别，单端测量时的共模抑制比（CMRR）性能随着频率的增加，快速下降至非常低的水平。而差分探头是使用差分放大器使两个信号相减，由示波器的一个通道测量出差分信号。这就提供了在更宽的频率范围上的共模抑制比（CMRR）。

随着电路技术的发展，差分放大器已经可以做到实际的探头上。在最新的差分探头中，例如 TektronixP6247，可达到 1GHz 的带宽，共模抑制比（CMRR）性能达到 1 MHz 时 60 dB（1000：1），1 GHz 时 30 dB（32：1）。这种带宽/共模抑制比（CMRR）性能在磁盘驱动器读/写率达到或超过 100MHz 时，变得越来越重要。

4.1.4　其他类型的探头

① 电流探头。使用这种探头时示波器上显示的是导体中的电流而不是其上的电压。电流通过导线引起导线周围电磁场的形成。电流探头感应这一场的强度，并且转换为电压信号由示波器测量。这就允许我们用示波器观察并分析电流波形。与一台示波器组合进行电压测量时，电流探头也允许我们用于各种的功率测量。取决于示波器的波形数学处理能力，这些测量可能包括瞬时功率，有效功率，视在功率及相位。

② 光电探头。光电探头就是一个光电转换器。在光学一侧，探头的选择必须匹配专用的光学连接器和被测量设备的光纤类型或光学模式。在电学一侧，遵循标准的探头与示波器匹配标准。

③ 高压探头。"高压"是相对的。从探头的角度，这里可以定义高压为：任一超过典型通用的 10X 无源探头安全使用的电

压。通常，常用无源探头的最大测量的电压在 $400\sim500\,\text{V}$ 附近。另一方面，高压探头能测量的电压最大高达 20000 V。安全是高电压探头和测量的一个特别重要的方面。为满足安全使用要求，许多高电压探头有比正常探头长的电缆线。典型的电缆线长度是 3m。这通常满足于将示波器置于安全柜或安全屏蔽之外时的使用。选择 8m 电缆线可用于示波器操作需要更加远离高电压源的情况。

4.2 探头配件

　示波器还可配备多种配件，其中有些配件是为了使示波器适合于在某种测量环境下使用。示波器配件通常包括连接探头的地线夹、补偿调节工具及协助把探头连接到各个测试点的一个或多个探针配件，如图 4-1 所示。

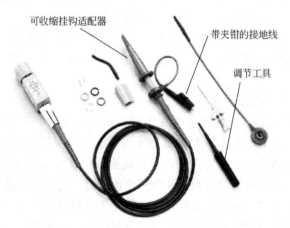

可收缩挂钩适配器

带夹钳的接地线

调节工具

图 4-1　带有标准配件的典型通用电压探头

　在特定应用领域如探测表面封装设备，设计的探头可能在标准配件包装中包括额外的探针适配器。另外，可作为探头选件，提供各种专用配件。大多数探头有标配的附件包。这些附件常包括地线夹钳，探头补偿调整工具，及一个或多个帮助将探头接入各种各样的测试点的探头尖附件。

4.3 示波器探头的选用

4.3.1 探头的选用

选用探头时，一般要考虑带宽/上升时间、探头的负载作用、畸变、补偿范围、衰减比、最大电压、探头长度、最大电流等技术指标。主要考虑的是示波器/探头组合对电路的负载作用，有最高输入阻抗（最低输入电容和最高输入电阻）的探头可以提供最小的电路负载，当电路频率增高和（或）上升时间减小时，容性加载变得最重要；在直流和低频情况下阻性加载是最重要的。在测量高速上升时间脉冲时电压探头的电容性负载也是最重要的考虑。由于输入电容的影响较大，在选择探头时要仔细考虑探头的输入电容值；二是探头衰减比，探头衰减比与频率特性密切相关，如同一探头衰减比为 10∶1 时就比 1∶1 时的探测频率范围宽，衰减比选择不当，可能无法测出较高频率的被测信号。

在具体选择探头时，应当做到：

① 探头与示波器输入电阻和输入电容匹配确信所要求的探头与所用示波器的输入电阻和电容相匹配。50Ω 示波器输入要求 50Ω 探头。1MΩ 示波器输入要求 1MΩ。此外还要检查连接器接口的兼容性或选择所要求的合适的适配器。

② 探头与示波器带宽和上升时间匹配。选择对示波器和应用有合适上升时间与带宽的探头。

③ 探头的加载作用影响最小。选择低阻抗测试点使探头的加载影响减至最小。尽管探头的输入阻抗做得尽可能高，它对被测电路仍然始终有一定的影响。

④ 探头的衰减比合适。无源电压探头的衰减比可决定测量的频率范围，被测信号的频率范围较宽时，要选择有 10∶1 甚至 100∶1 衰减器的探头，以拓宽可以测量的信号频率范围。

⑤ 探头的时间延迟作用影响较少。时间延迟差必须加以考虑，特别是在相位和时间重合性测量及差分测量应用中。在进行延迟或时间差测量时要始终使用两个同样型式和电缆长度的探头。

⑥ 探头的接地影响最小。接地的方法应正确，在高阻抗探头应用中特别要注意使用尽可能短的接地路径（最好是同轴适配器或短的接地连接器）使串联电感对探头引入的影响减至最小。

4.3.2 探头选型指南

在选择探头时，要充分考虑信号源及其怎样把其属性转换成相应的探头选型。

在选择探头时要考虑四个基本信号源问题，即信号类型，信号频率成分、信号源阻抗和测试点的物理属性。

① 信号类型：电压信号是电子测量元器件中最经常遇到的信号类型，由于示波器输入上要求电压信号，因此，电压传感探头是最常用的示波器探头类型。其它类型的示波器探头本质上是把传感器的现象转换成相应电压信号的传感器。例如电流探头是把电流信号转换为电压信号，以在示波器查看信号。逻辑信号实际上是特殊类型的电压信号，可以使用标准电压探头查看逻辑信号。

图 4-2 是以待测信号类型为基础的各种探头种类。

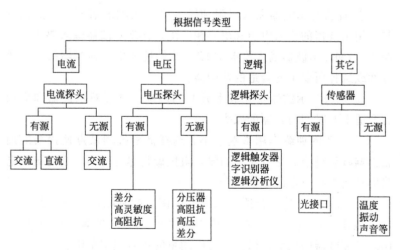

图 4-2　根据测量的信号类型划分的探头类型

② 信号频率成分：不管是什么类型，所有信号都有频率成分。为使把信号传送到示波器，同时保持足够的带宽，以最小的干扰传

送信号的主要频率成分。在方波和其它周期信号中，带宽必需比信号的基础频率高3~5倍。这可以传送基础频率和前几个谐波，而不会不适当地衰减其相对幅度。

③ 信号源阻抗：信号源阻抗可归纳为以下三个要点：一是探头的阻抗与信号源阻抗相结合，产生新的信号负荷阻抗，其在一定程度上会影响信号幅度和信号上升时间；二是在探头阻抗明显高于信号源阻抗时，探头对信号幅度的影响可忽略不计；三是探针电容影响着信号的上升时间展宽。

④ 测试点的物理属性：信号测试点的位置和形状也是选择探头主要考虑的因素。若刚好把探头接触到测试点，在示波器上观察信号，适合采用针式探针；若必需使探头连接测试点，以监测信号同时还要进行电路调节，可采用可收缩的挂钩探针。

4.4 示波器探头的正确使用和校准

4.4.1 示波器探头的正确使用

① 探头和示波器应配套使用，尽量不要互换。否则将增大分压比误差，或者由于探头补偿不当而产生波形失真，使示波器 Y 通道频率响应变差。

② 对无源电压探头应定期检查其补偿是否适度。补偿质量可用方波信号进行检查，其检查方法是：首先将方波信号直接输至示波器 Y 通道输入端，观察信号的波形；然后将同样的方波信号经探头输至示波器 Y 通道输入端，对比信号波形的变化情况。当补偿适度时，方波形状不变，只是幅度减小；当出现过补偿及欠补偿时，方波形状皆发生变化，如图 4-3 所示。发现补偿不当时，可调节补偿电容器使方波形状为最佳。

③ 测量时探头的地线应就近接地。

④ 从被测电路断开探头时，应先从电路中拔下探针，然后再断开地线。

⑤ 遵守所有终端设备的额定值，输至探头的电压不应该大于额定电压。

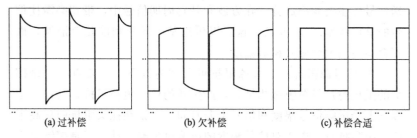

(a) 过补偿   (b) 欠补偿   (c) 补偿合适

图 4-3 无源电压探头校准

⑥ 保持探头表面的清洁干燥。

⑦ 不要把探头浸入液体中。

⑧ 不要在潮湿的环境中使用测量设备。

⑨ 不要在没有屏蔽保护的情况下操作探头。

⑩ 当手持探头时，应避免射频灼伤。

4.4.2　示波器探头的校准

在使用无源探头之前必须对其进行校正，使其电气特性与特定的示波器相平衡。一个没有调好的探头会导致测量不那么准确。大多数示波器在面板上有一个用来校正探头的方波参考信号。校正探头的通用方法如下：将探头连接上一个垂直通道，将探头尖端与探头校正信号相连（即方波参考信号），再将地线接地，观察方波信号，对探头进行适当调整，使方波的角成直角，如图 4-3(c) 所示。

若发现本机标准方波异常时，可选用一台性能良好并已校准的示波器来进行探头的校准。

4.5 使用示波器探头的注意事项

由于示波器放大器输入阻抗不够高，用它去测试电路时，会对被测电路造成影响，所以示波器一般采用探头输入。因此，探头对于被测回路，必须有最小的影响，同时对被测信号应保证足够的保真度。如果探头不能保持信号的保真度，若它以任何方式改变信号或改变一个电路的动作，示波器将显示实际信号的一个畸变的形式，其结果会导致出错的或者误导的测量。

① 在测试中尽量选用探头和带屏蔽的测试线，而不要使用不带屏蔽的测试线，防止干扰进入测试电路。

② 注意频率的带宽。一般来说任何信号源都有内阻和阻抗。如果用带 15pF 输入电容的探头观测输出电阻为 510Ω 的电路波形，由 $f=1/2\pi RC$，得出 $f=21$MHz。如果示波器带宽为 100MHz 时，频率带宽将被限制在 21MHz。

③ 注意探头的负载效应。应根据不同的测试电路，选择不同类型的探头。在分析测量结果时，就必须考虑探头的特性及电路的阻抗。一类是无源探头通常对输入信号进行衰减；另一类是有源探头，探头内包含有源器件，提供放大能力。探头都有输入阻抗，具有负载效应，在接入被测电路后，会影响被测电路。所以在分析测量结果时，就必须考虑探头的特性及电路的阻抗。

④ 注意接地引线的电感，接地引线应尽量的短。图 4-4 说明探头的接地引线电感与探头及示波器输入电容形成谐振电路，探头输入电阻引入阻抗。如果在探头加入阶跃电压，谐振电路会发生谐振现象，过大的接地引线电感会使示波器的上升时间变差。

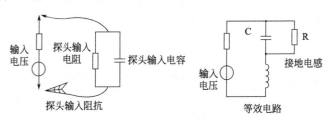

图 4-4　探头与示波器输入电容形成的谐振电路

⑤ 安全接地问题。为了保证安全，多数示波器通过电源线与地相连，被测信号和地线有可能有相同的参考电位。但并非必然如此，因此在连接探头地线时，一定要注意不要因此而把被测系统短路。

探头接地线一定要接，不能因为被测系统和示波器有相同的参考电位，而用安全地线作信号的返回通路，因为安全地线的接地线很长，具有很大的引线电感，不适合作信号的返回通路。

4.6 常用的性能术语

在学习使用示波器过程中，有一些常用的度量标准和示波器的性能术语，见表4-1。这些术语用来描述一些基本准则，而这些准则正是正确选择操作所用的示波器的依据。理解和掌握这些术语将有助于评定和比较不同的示波器。

表 4-1 示波器使用常用术语

序号	性能术语	涵 义
1	带宽	网络或电路传送的、从中频功率下降的幅度不超过3dB的连续频带
2	示波器带宽	正弦输入信号衰减至其实际幅度的70.7%的频率值，即−3dB点，基于对数标度
3	探头的带宽	探头的频率响应和指定探头正常运行频率的范围
4	畸变	偏离理想或标准波形的任何波形，通常与波形或脉冲平坦的底部和顶部相关。一般以偏离平坦响应的百分比变化量来测定畸变
5	上升时间	在脉冲的上升转换中，上升时间是指脉冲从10%的幅度上升到90%的幅度所需的时间
6	差分信号	相互参考、而不是参考接地的信号
7	差分探头	使用差分放大器减去两个信号，导致示波器的一条通道测量一个差分信号的探头
8	有效比特	示波器准确再现正弦信号波形的能力的度量
9	水平准确度	指在水平系统中，显示信号的定时的准确程度，通常用多少百分比误差表示
10	垂直分辨率	指示波器将输入电压转换为数字值的精确程度。垂直分辨率用比特数来度量
11	波形捕获速率	指示波器采集波形的速度。示波器每秒钟以特定的次数捕获信号，在这些测量点之间将不再进行测量，表示为波形数每秒(wfms/s)
12	采样速率	指数字示波器对信号采样的频率，表示为样点数每秒(S/s)。示波器的采样速率越快，所显示的波形的分辨率和清晰度就越高，重要信息和事件丢失的概率就越小
13	垂直灵敏度	指示垂直放大器对弱信号的放大程度，通常用每刻度多少毫伏(mV)来表示

序号	性能术语	涵 义
14	扫描速度	表征轨迹扫过示波器显示屏的速度有多快,用时间(秒)/格表示
15	增益精度	表征垂直系统对信号的衰减或放大的准确程度,通常用多少百分比误差来表示
16	触发斜率	在触发电路启动扫描前触发信号源必须达到的斜率
17	记录长度	用于生成一个信号记录的波形点数
18	共模抑制比	差分探头在差分测量中抑制两个测试点共用信号的能力
19	衰减	一个信号振幅降低被减小的处理过程
20	浮动测量	对两点都没处在接地电位之间进行地测量
21	共模抑制比	差分探头在差分测量中抑制两个测试点共用的任何信号的能力

第5章 示波器的使用方法

5.1 模拟示波器的键钮分布和功能

5.1.1 模拟示波器的整机结构

模拟示波器可分为左、右两部分，其中左侧部分为信号波形的显示部分，右侧部分为示波器的控制键钮部分，如图5-1所示。示波器显示部分主要由显示屏、CRT护罩和刻度盘组成。其中，显示屏一般为圆形曲面或矩形平面，其核心部件为示波管；护罩用于保护示波管屏幕不受损伤；一般刻度盘上刻有8×10的方格，每格1cm见方，用于测量波形在垂直方向和水平方向的量，一般垂直方向等效为电压值，水平方向等效为时间值。

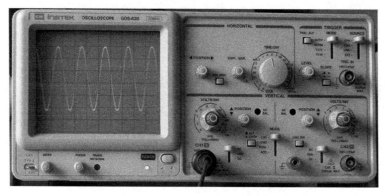

图 5-1　GOS-620 型示波器外形结构

5.1.2 模拟示波器的键钮分布和功能

下面以 GOS-620 型示波器为例，介绍模拟示波器的键钮分布和功能特点，如图 5-2 所示。

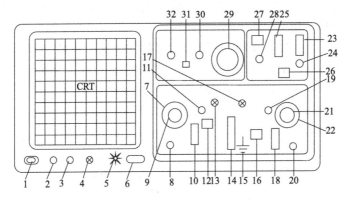

图 5-2 GOS-620 型示波器键钮分布示意图

【CRT 显示屏】

② INTEN：轨迹及光点亮度控制钮。

③ FOCUS：轨迹聚焦调整钮，用于调节聚焦直至扫描线最细，虽然在调节亮度时聚焦能自动调整，但有时要用手动调节以便获得最佳效果。

④ TRACE ROTATION：使水平轨迹与刻度线成平行的调整钮，以克服外磁场变化带来的基线倾斜，用旋具调节。

⑤ 指示灯：指示示波器的工作状态。

⑥ POWER：电源主开关，压下此钮可接通电源，电源指示灯
(5)会发亮；再按一次，开关凸起时，则切断电源。

【VERTICAL 垂直偏向】

⑦ ㉒VOLTS/DIV：垂直衰减选择钮，以此钮选择 CH1 及 CH2 的输入信号衰减幅度，范围为 5mV/DIV～5V/DIV，共 10 挡。当使用 10∶1 输入探头时，要将屏幕显示的幅度×10。

⑩ ⑱AC-GND-DC：输入信号耦合选择按键钮。

AC：垂直输入信号电容耦合，截止直流或极低频信号输入。

GND：按下此键则隔离信号输入，并将垂直衰减器输入端接地，使之产生一个零电压参考信号。

DC：垂直输入信号直流耦合，AC 与 DC 信号一齐输入放大器。

⑧（X）输入：CH1 的垂直输入端，在 X-Y 模式下，为 X 轴的信号输入端。

⑨ ㉑VARIABLE：灵敏度微调控制，至少可调到显示值的 1/2.5。在 CAL 位置时，灵敏度即为挡位显示值。当此旋钮拉出时（×5 MAG 状态），垂直放大器灵敏度增加 5 倍。

⑳ CH2（Y）输入：CH2 的垂直输入端，在 X-Y 模式下，为 Y 轴的信号输入端。

⑪ ⑲ POSITION：轨迹及光点的垂直位置调整钮。

⑭ VERT MODE：CH1 及 CH2 选择垂直操作模式。

CH1 或 CH2：通道 1 或通道 2 单独显示。

DUAL：设定本示波器以 CH1 及 CH2 双频道方式工作，此时并可切换 ALT/CHOP 模式来显示两轨迹。

ADD：用以显示 CH1 及 CH2 的相加信号；当 CH2 INV 键（16）为压下状态时，即可显示 CH1 及 CH2 的相减信号。

⑬ ⑰ CH1 & CH2 DC BAL：调整垂直直流平衡点。

⑫ ALT/CHOP：当在双轨迹模式下，放开此键，则 CH1 & CH2 以交替方式显示（一般使用于较快速之水平扫描文件位）。当在双轨迹模式下，按下此键，则 CH1 & CH2 以切割方式显示（一般使用于较慢速之水平扫描文件位）。

⑯ CH2 INV：此键按下时，CH2 的讯号将会被反向。CH2 输入讯号于 ADD 模式时，CH2 触发截选讯号（Trigger Signal Pick-off）亦会被反向。

【TRIGGER 触发】

㉖ SLOPE：触发斜率选择键。

"＋"：凸起时为正斜率触发，当信号正向通过触发准位时进行触发；

"－"：压下时为负斜率触发，当信号负向通过触发准位时进行触发。

㉔ EXT TRIG. IN：外触发输入端子。

㉗ TRIG. ALT：触发源交替设定键，当 VERT MODE 选择器（14）在 DUAL 或 ADD 位置，且 SOURCE 选择器（23）置于 CH1 或 CH2 位置时，按下此键，仪器即会自动设定 CH1 与 CH2

的输入信号以交替方式轮流作为内部触发信号源。

㉓ SOURCE：用于选择 CH1、CH2 或外部触发。

CH1：当 VERT MODE 选择器（14）在 DUAL 或 ADD 位置时，以 CH1 输入端的信号作为内部触发源；

CH2：当 VERT MODE 选择器（14）在 DUAL 或 ADD 位置时，以 CH2 输入端的信号作为内部触发源；

LINE：将 AC 电源线频率作为触发信号；

EXT：将 TRIG. IN 端子输入的信号作为外部触发信号源。

㉕ TRIGGER MODE：触发模式选择开关。

自动（AUTO）：当没有触发信号或触发信号的频率小于 25Hz 时，扫描会自动产生。

常态（NORM）：当无触发信号时，扫描将处于预备状态，屏幕上不会显示任何轨迹。当信号频率很低（小于 25Hz）影响同步时，宜采用本触发方式。

电视场（TV-V）：用于观察电视信号中的全场信号波形。

电视行（TV-H）：用于观察电视信号中的行场信号波形。

电视场、电视行触发仅适用于负同步信号的电视信号。

㉘ LEVEL：触发准位调整钮，旋转此钮以同步波形，并设定该波形的起始点。将旋钮向"＋"方向旋转，触发准位会向上移；将旋钮向"－"方向旋转，则触发准位向下移。

【水平偏向】

㉙ TIME/DIV：扫描时间选择钮。

㉚ SWP. VAR：扫描时间的可变控制旋钮。

㉛ ×10 MAG：水平放大键，扫描速度可被扩展 10 倍。

㉜ ◀POSITION▶：轨迹及光点的水平位置调整钮。

【其他功能】

① CAL（$2V_{P-P}$）：此端子提供幅度为 $2V_{P-P}$，频率为 1kHz 的方波信号，用于校正 10∶1 探极的补偿电容器和检测示波器垂直与水平偏转因数。

⑮ GND：示波器接地端子。

5.1.3 模拟示波器使用前的准备和操作

示波器在开机使用时，先不输入信号，应先看到扫描线，然后再对输入信号的幅度和频率进行适当调整，将波形显示在屏幕上，进一步对信号的参数进行测量，因此示波器在初始状态应使一些按钮处于合适的状态。

下面以 MOS-620 型双踪示波器为例，介绍模拟示波器的基本操作。

5.1.3.1 单一频道基本操作法

以 CH1 为例，介绍单一频道的基本操作法。CH2 单频道的操作程序是相同的，仅需注意要改为设定 CH2 栏的旋钮及按键组。插上电源插头之前，务必确认后面板上的电源电压选择器已调至适当的电压文件位。确认之后，请依照下表，顺序设定各旋钮及按键。

表 5-1 单一频道按钮设置

项　　目	按键	按键	设　　定
POWER	⑥		OFF 状态
INTEN	②		中央位置
FOCUS	③		中央位置
VERT MODE	⑭		CH1
ALT/CHOP	⑫		凸起（ALT）
CH2 INV	⑯		凸起
POSITION ▲▼	⑪	⑲	中央位置
VOLTS/DIV	⑦	㉒	0.5V/DIV
VARIABLE	⑨	㉑	顺时针转到底 CAL 位置
AC-GND-DC	⑩	⑱	GND
SOURCE	㉓		CH1
SLOPE	㉖		凸起(＋斜率)
TRIG. ALT	㉗		凸起
TRIGGER MODE	㉕		AUTO
TIME/DIV	㉙		0.5mSec/DIV
SWP. VAR	㉚		顺时针到底 CAL 位置
◀POSITION▶	㉜		中央位置
×10 MAG	㉛		凸起

按照表 5-1 设定完成后，插上电源插头，继续下列步骤：

步骤	完成内容
1	按下电源开关⑥，并确认电源指示灯⑤亮起。约 20s 后 CRT 显示屏上应会出现一条轨迹，若在 60s 之后仍未有轨迹出现，请检查上列各项设定是否正确
2	转动 INTEN②及 FOCUS③钮，以调整出适当的轨迹亮度及聚焦
3	调 CH1 POSITION 钮⑪及 TRACE ROTATION④，使轨迹与中央水平刻度线平行
4	将探头连接至 CH1 输入端⑧，并将探棒接上 2Vp-p 校准信号端子
5	将 AC-GND-DC⑩置于 AC 位置，此时，CRT 上会显示方波波形
6	调整 FOCUS③钮，使轨迹更清晰
7	欲观察细微部分，可调整 VOLTS/DIV⑦及 TIME/DIV㉙旋钮，以显示更清晰的波形
8	调整▲POSITION⑪及◀ POSITION▶㉜钮，以使波形与刻度线齐平，并使电压值(V_{p-p})及周期(T)易于读取

下面给出单一频道实际操作步骤：

（1）打开电源前的准备

打开示波器电源开关前，先将面板控制件作以下设置：

① 亮度、聚焦旋钮居中和水平位移如图 5-3 所示，垂直位移居中，如图 5-4 所示。

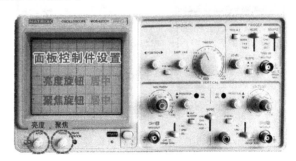

图 5-3 亮度、聚焦旋钮居中设置

② 水平微调和垂直微调均顺时针旋到底，如图 5-5 所示触发电平调节居中，如图 5-6 所示。

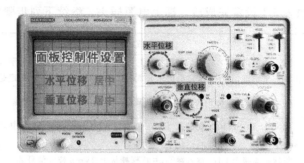

图 5-4　水平位移、垂直位移居中设置

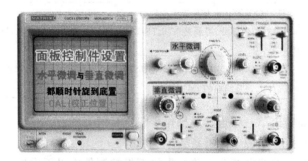

图 5-5　水平微调和垂直微调顺时针旋到底设置

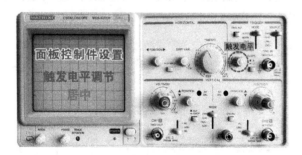

图 5-6　触发电平调节设置

　　③ 触发方式设置为 AUTO，如图 5-7 所示，触发源设置为 CH1，如图 5-8 所示。

　　④ 垂直方式选择置 CH1，如图 5-9 所示、垂直输入耦合置

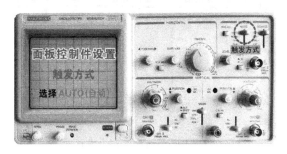

图 5-7　触发方式设置

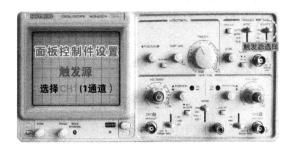

图 5-8　触发源设置

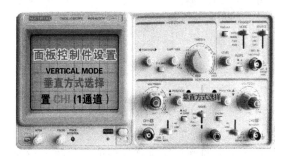

图 5-9　垂直方式选择设置

GND，如图 5-10 所示。

⑤ 按钮全部弹起，如图 5-11 所示。

⑥ 开机，如图 5-12 所示。

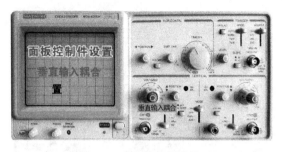

图 5-10　垂直输入耦合设置

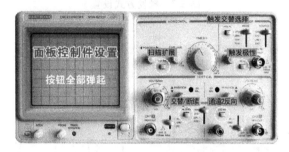

图 5-11　面板按钮设置

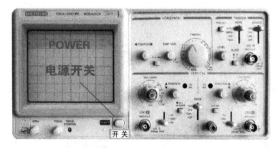

图 5-12　打开电源开关

⑦ 根据环境亮度调整扫描轨迹的辉度，如图 5-13 所示。

⑧ 调节聚焦旋钮，将扫描轨迹调成一条清晰的粗线，如图 5-14 所示。

⑨ 调节通道 CH1 垂直位移旋钮，使光迹与中心水平刻度线重叠，如图 5-15 所示。

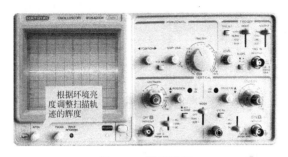

图 5-13　辉度设置

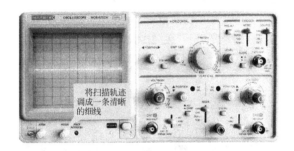

图 5-14　扫描轨迹的调整

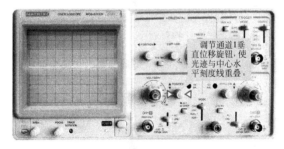

图 5-15　垂直位移旋钮调整

⑩ 探头接至 CH1，并将探头衰减开关置×1 位置，如图 5-16 所示。

⑪ 将开关拨至 AC 挡，一个方波出现在屏幕上，调节触发电平，使波形显示稳定，如图 5-17 所示。

⑫ 调节垂直衰减开关使输出波形的幅度占 5 格左右，如图 5-

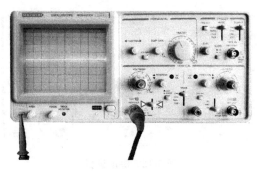

图 5-16　探头连接至 CH1

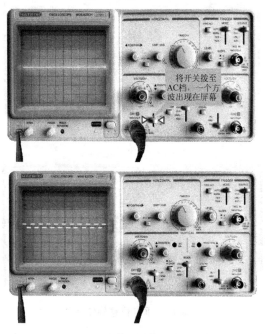

图 5-17　调整方波

18 所示。调节水平扫描速度开关使屏幕呈现 2～3 个周期的波形，如图 5-19 所示。

　　⑬ 调节垂直位移使波形居中，并使波形的幅值与一水平刻度

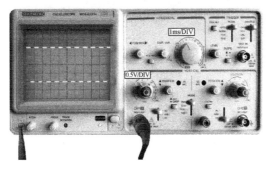

图 5-18　波形幅度调整

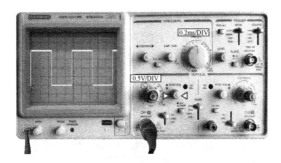

图 5-19　2～3 个周期调整

图 5-20　波形调整与一水平刻度线重合

线重合，如图 5-20 所示。

　　⑭ 调节水平位移使波形正峰与中心垂直线重合，并使方波边缘与一垂直格线对齐，如图 5-21 所示。

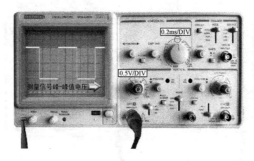

图 5-21　调节波形位置

（2）探头补偿

调节探头补偿电容，探头衰减开关置×10，衰减开关设定到 50mV，用平头旋具调整探头上的补偿电容，如图 5-22 所示，直到获得最佳的方波为止（没有过冲、圆角、翘起），如图 5-23 所示。CH1、CH2 要分别调整。

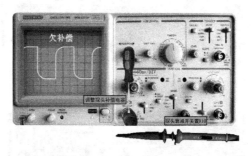

图 5-22　探头补偿电容调节

5.1.3.2　双频道操作法

双频道操作法与单一频道基本操作法的步骤大致相同，仅需按照下列说明略作修改：

当 ALT/CHOP⑫放开时（ALT 模式），则 CH1&CH2 的输入讯号将以交替扫描方式轮流显示，一般使用于较快速之水平扫描文件位；当 ALT/CHOP 按下时（CHOP 模式），则 CH1&CH2 的输入讯号将以大约 250kHz 斩切方式显示在屏幕上，一般使用于较慢速之水平扫描文件位。

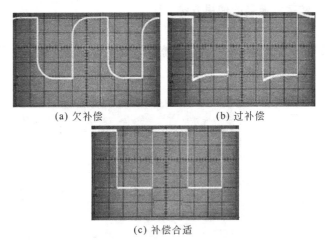

(a) 欠补偿   (b) 过补偿

(c) 补偿合适

图 5-23   探头补偿波形

在双轨迹（DUAL 或 ADD）模式中操作时，SOURCE 选择器㉓必须拨向 CH1 或 CH2 位置，选择其一作为触发源。若 CH1 及 CH2 的信号同步，二者的波形皆会是稳定的；若不同步，则仅有选择器所设定之触发源的波形会稳定，此时，若按下 TRIG. ALT 键㉗，则两种波形皆会同步稳定显示。

步骤	完成内容
1	将 VERT MODE⑭置于 DUAL 位置。此时，显示屏上应有两条扫描线，CH1 的轨迹为校准信号的方波；CH2 则因尚未连接信号，轨迹呈一条直线
2	将探棒连接至 CH2 输入端⑳，并将探棒接上 2Vp-p 校准信号端子①
3	按下 AC-GND-DC 置于 AC 位置，调▲POSITION 钮(11)(19)，以使两条轨迹同时显示

5.2 数字示波器的基本操作方法

5.2.1 数字示波器使用前的准备

在使用前，首先将电源线将示波器与电源相连。

注意：为避免危险，请确认数字示波器已经安全接地。

5.2.2 数字示波器的使用方法

（1）开机

按下示波器的电源开关，观察示波器的显示屏变化，显示开机界面。如图 5-24 所示。

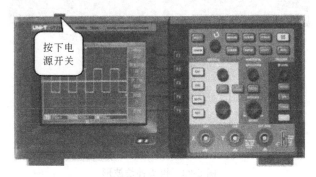

图 5-24　数字示波器开机

（2）数字示波器自动校正

接通电源后，让示波器以最大测量精度优化数字示波器信号路径执行自动校正程序，按下 UTILITY 按钮，按 F1 执行。然后进入下一页按 F1，调出出厂设置，如图 5-25 所示。

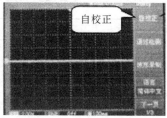

图 5-25　示波器自校正操作

（3）数字示波器接入输入信号

① 示波器探头采用了旋钮锁扣式设计，插接时，只要将示波器的测试线的接头座对于插入到探头接口（如连接到 CH1 通道），顺时针旋转接头座，这时就可利用 CH1 通道进行测试了。连接到 CH1 后，再将探头上的衰减倍率设定为 10×（以衰减倍率设定为

图 5-26　探头衰减倍率设定

10×为例），如图 5-26 所示。

② 在数字示波器上需要设置探头衰减系数，此衰减系数改变垂直档位倍率，从而使得测量结果正确反映被测信号的幅值。如图 5-27。按下 F4 键，使菜单显示 10×。

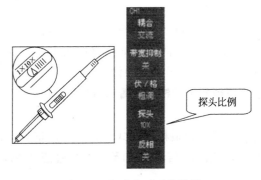

探头比例

图 5-27　探头衰减系数设置

③ 将探头的探针和接地夹连接到探头补偿信号输出端。按 AUTO 按钮，几秒内可见方波显示（1kHz，约 3V，峰-峰值），如图 5-28 所示。以同样的方法检查 CH2，按 OFF 功能按钮关闭 CH1，按 CH2 功能键打开 CH2，重复步骤②和③。

在首次将探头与任一输入通道连接时，需要进行此项调节，使探头与输入通道相配，未经补偿校正的探头会导致测量误差或错误。

若调整探头补偿，可按以下步骤进行：

a. 重复上述步骤②和③，将探头端部与探头补偿器的信号输

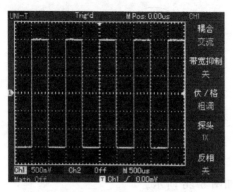

图 5-28　探头的校正

出连接器相连，接地夹与探头补偿器的地线连接器相连，打开
CH1，然后按 AUTO。

　　b. 观察显示的波形。

　　如显示波形"补偿不足"［如图 5-23（a）］或"补偿过度"［如
图 5-23（b）］，用非金属手柄的改锥调整探头上的可变电容，直到
屏幕显示如图 5-23（c）所示的"补偿合适"。

5.2.3　数字示波器常用按键的设置和选择

　　（1）通道耦合设置

　　使用 F1 键，进行通道耦合方式选择：交流耦合、直流耦合和
接地三种耦合方式。以信号施加到 CH1 通道为例，如图 5-29
所示。

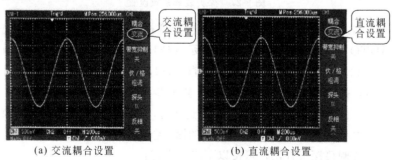

(a) 交流耦合设置　　　　　　　(b) 直流耦合设置

图 5-29　耦合方式的选择

（2）通道带宽限制设置

使用 F2 键，可对带宽限制进行选择：带宽限制—开和带宽限制—关两种方式。

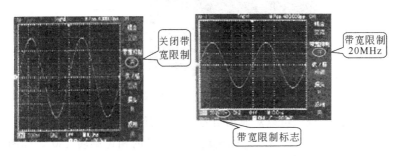

关闭带宽限制

带宽限制 20MHz

带宽限制标志

图 5-30　带宽抑制的选择

（3）垂直伏/格调节设置

使用 F3 键，可对垂直伏/格进行选择，包括粗调和细调两种方式，如图 5-31 所示。

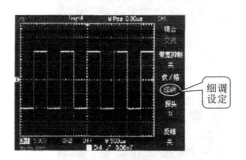

细调设定

图 5-31　垂直偏转系数细调

（4）探头倍率设定

使用 F4 键，可以对探头衰减倍率进行设定，有 4 种方式：1×、10×、100×、1000×。如通道衰减系数为 10：1，则通道菜单中探头系数相应设置为 10×，以此类推，来确保电压读数准确。图 5-32 为使用 10：1 探头时设置及垂直挡位的显示。

（5）波形反相的设置

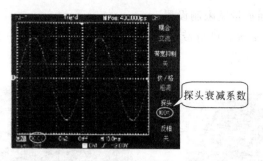

图 5-32　探头衰减系数设定

使用 F5 键，可以对显示信号相位进行选择，有两种方式：反相开和反相关。F5 功能键可实现显示信号的相位翻转 180°，如图 5-33 所示。

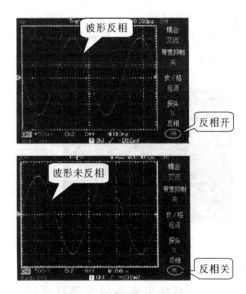

图 5-33　波形相位的选择

5.2.4　数字示波器功能扩展

（1）MATH 按键和 OFF 按键

如图 5-34 所示，按下 CH1 按键，CH1 点亮，此时可以使用

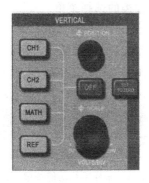

图 5-34　面板上的垂直控制区

CH1 通道的探头进行测量。按下 CH2 按键，CH2 按键点亮，此时可使用 CH2 通道的探头进行测量。

按下 MATH 按键，此时按键点亮，可以对和 CH2 通道测得的波形进行 "＋"、"－"、"×"、"÷" 4 种运算。按下 OFF 键，MATH 键灯熄灭，此时 MATH 功能键被关闭。

再次按下 OFF 键，CH1 通道灯熄灭，则 CH1 通道检测的波形不能在屏幕上显示。同理，再次按下 OFF 键，CH2 通道灯熄灭，CH2 通道检测的波形也不能在屏幕上显示。

（2）使用运行按键

在数字存储示波器前面板的最右上角，有一按键 RUN/STOP，按下该按键并有绿灯亮时，表示运行状态，如果按键后出现红灯亮则为停止。

（3）自动设置

按下 AUTO 键时，数字存储示波器能自动根据波形的幅度和频率，调整垂直偏转系数和水平时基挡位，并使波形稳定地显示在屏幕上。

（4）自动测量

MEASURE 为自动测量功能按键。按下 MEASURE 键，进入参数测量显示菜单，该菜单有 5 个可同时显示测量值的区域，分别对应于功能键 F1～F5。对于任一个区域需要选择种类时，可按相应的 F 键来进入测量种类的选择菜单。

（5）光标测量

按下 CURSOR 按钮显示测量光标和光标菜单，然后使用多用途旋钮控制器改变光标的位置。如图 5-35 所示。

图 5-35　采样系统功能按键—光标

利用 CURSOR 马上可以移动光标进行测量有 3 种模式：电压、时间和跟踪。在测量电压时，按面板上的 SELECT 和 COARSE 键，以及多用途旋钮控制器，分别调整两个光标的位置，即可测量 ΔV，也可按照同样的方法测量 ΔT。在设置为跟踪模式的情况下，并且有波形显示时，可以看到数字存储示波器的光标会自动跟踪信号的变化。

5.3 示波器的使用注意事项

① 使用示波器前，要仔细阅读对应机型的说明书，详细了解其功能和特性参数等。

② 打开电源开关，指示灯应发亮，经预热 5～10min 后，即可使用。进行测量时首先要将扫描基线调整与水平刻度线平行，也不要将波形调得太亮，这样有利于保护使用者的眼睛。

③ 观察波形时，应避免手指触及 Y 轴的输入端或探极引入头，以免观测的波形或数据不正确。

④ 将被测信号接入 Y 轴输入和"接地"端钮，根据输入信号的强度选择适当的衰减。若测试前不知信号强度时，应先将 Y 轴衰减开关置于最大，然后根据所显示的波形大小适当加以调整。

⑤ 进行信号幅度测量时，波形的高度应尽量接近示波器工作面的 60%～80%，波形高度过小测量误差较大。进行周期或频率测量时，应使整个屏幕显示 1～2 个完整的波形。这样测量者的视

觉分辨力误差对测量结果的影响相对减小，测量结果更准确。

⑥ 对频率较高的被测信号进行幅度测量时，要注意示波器的带宽对测量结果的影响。当被测信号的频率接近或超过示波器的上限带宽，此时示波器上测得的幅度要比实际幅度小得多。

⑦ 对于带有扩展功能的旋钮测量过程中也要注意其扩展状态。

⑧ 利用双线示波器进行两个信号同时观察时，一定要注意两个被测信号应有公共点，如果没有公共点，只能分别作单线测试，否则会造成被测电路的短路事项。

⑨ 注意避免阳光长时间直接照射示波器荧光屏，以免降低使用寿命。

第6章 示波器测量技术

6.1 电压测量

利用示波器测量电压独特的优势，可以测量各种波形任何瞬间的数值，如电压幅度；脉冲电压波形的各部分的电压数值，例如上冲量、顶部下冲量等。

6.1.1 交流电压的测量

使用示波器只能测量交流电压的峰-峰值，或任意两点的电位差值，其有效值和平均值是无法直接读数求得的。把灵敏度开关"VOLTS/DIV"（一般简写为 V/div）的微调旋钮置于校准位置，这样可按"V/div"指示值计算被测交流信号的电压值。由于被测信号一般包含交、直流两种成分，测量时需要注意。

首先将示波器的垂直偏转灵敏度微调旋钮置于校准挡，将待测信号送至示波器的垂直输入端，然后确定零电平线，调整示波器的垂直灵敏度开关于适当位置，再将示波器的输入耦合开关置于"AC"挡（当输入波形频率较低时，应置于"DC"挡位置），调节扫描速度使波形显示稳定，调节垂直灵敏度开关，使波形显示在屏幕的适当位置，读出被测交流电压波峰或波谷的高度或任意两点间的高度，计算被测交流电压峰-峰值。所测交流信号的电压值应为 $U_{P-P} = h \times V/div$。

如图 6-1 所示，测得的 $h = 8cm$，$V/div = 0.5V/cm$，被测正弦信号的峰-峰值应为 $U_{P-P} = h \times V/div = 4V$。

使用 10：1 探头时，测量正弦信号的峰-峰值应为

$U_{P-P} = h \times V/div \times 10 = 40V$。

6.1.2 直流电压的测量

首先将示波器的垂直偏转灵敏度微调旋钮置于校准挡，将待

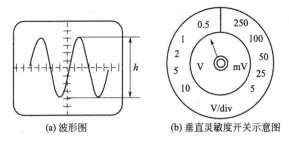

(a) 波形图　　　　(b) 垂直灵敏度开关示意图

图 6-1　测量交流电压示意图

测信号送至示波器的垂直输入端，然后确定零电平线，调整示波器的垂直灵敏度开关于适当位置，再将示波器的输入耦合开关拨向"DC"挡，观察水平亮线的偏转方向，确定直流电压的极性。最后读出被测直流电压偏离零电平线的距离，计算出被测直流电压值。

被测直流电压的大小为 $U_{DC} = h \times V/div$，若使用带衰减器的探头，应考虑探头衰减系数。此时，被测直流电压的大小为 $U_{DC} = h \times V/div \times k$。

上式中，U_{DC} 为被测直流电压；V/div 为示波器的垂直灵敏度；h 为被测直流信号线的电压偏离零电平线的高度；k 为探头的衰减系数。

如图 6-2 所示，测得的 $h = 4cm$，$V/div = 0.5V/cm$，$k = 10 : 1$，被测直流电压值应为 $U_{DC} = h \times V/div \times k = 20V$。

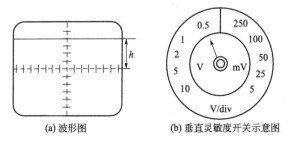

(a) 波形图　　　　(b) 垂直灵敏度开关示意图

图 6-2　直流电压测量示意图

6.2 周期和频率测量

对于周期性信号，周期和频率互为倒数，只要测出其中一个量，另外一个参量可通过关系式 $f=1/T$ 求出。

如果能在示波器屏幕上显示被测信号的多个周期，可采用数一数 x 轴方向 10div 内占有几个周期，再计算出频率的方法来测量。这种方法可减小测量误差，其计算公式为 $f=N/(10\text{div}\times t/\text{div})$，其中 N 为 10div 内占有的周期数。

6.3 时间的测量

用示波器测量时间与示波器测量电压的原理相同，区别在于测量时间要着眼于 x 轴系统。

在示波器屏幕上观测被测信号的波形后，其 x 轴方向的速率可根据开关"TIME/DIV"（一般简写为"t/div"）的示值直接读出。

在时基线上读出被测波形上两点之间的距离 d 所占的格数，如图 6-3 所示。则两点间的时间间隔 $T=t/\text{div}\times d$，由图上测得 $d=6\text{div}$，则 $T=2\text{ms}/\text{div}\times6\text{div}=12\text{ms}$。若使用了 x 轴扩展倍率开关，则被测信号的周期为 $T=t/\text{div}\times d\div k_x$，其中 k_x 为 x 轴扩展倍率。

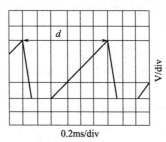

0.2ms/div

图 6-3 测量信号的时间间隔示意图

当 d 是被测波形的一个周期的距离时，计算出的 T 为该信号的周期；当 d 是某两个波形间的距离时，计算出的 T 为这两个波形的时间差，如图 6-3 所示；当 d 是某一脉冲的宽度时，计算出的 T 为该脉冲的脉宽，如图 6-4 所示。图 6-5 所示测量的是两个信号的时间差。

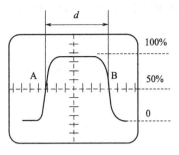

图 6-4　脉冲宽度的测量示意图

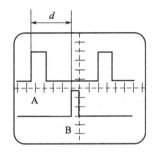

图 6-5　两个信号的时间差测量示意图

6.4 相位的测量

　　用双踪示波器可以测量两个同频率信号的相位关系。将触发源开关置于"CH1"，用 CH1 通道内触发来启动扫描，测得两个信号的相位差，如图 6-6 所示。一个周期在 x 轴坐标刻度片上占 8div，每 div 相

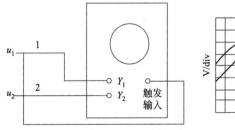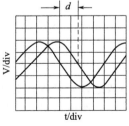

图 6-6　相位的测量示意图

应为 45°，则两个信号的相位差 $\phi = 1.5\text{div} \times 45°/\text{div} = 67.5°$。

6.5 电流波形的测量

测量信号电流的波形时，可在被测电路中串联一个小电阻，测这个小电阻上电压降的波形就是测得电流的波形。

6.6 李沙育图形法测量法

李沙育图形是示波器的一种经典应用。通过李沙育图形可以了解两路输入信号之间的频率相位关系。已知李沙育图形法 X、Y 方向的交点数和一路已知频率的信号就可求得另一路信号的频率，利用椭圆法可求得两路信号的相位差。实际工作中参考信号可用信号发生器产生任意需要已知频率的信号，然后对另一路未知参数被测信号通过李沙育图形进行比较。

6.6.1 李沙育图形法测量频率

将已知频率信号（标准信号）加至示波器 X 轴输入端，将被测频率信号加至 Y 轴输入端，调节 X 轴、Y 轴增益，使屏幕上出现大小合适的李沙育图形。如图 6-7 所示。

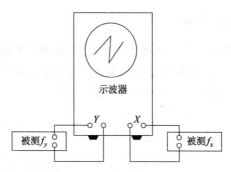

图 6-7 李沙育波形法连接图

一般地，如果频率比值 $f_y : f_x$ 为整数值，合成的运动轨迹是一个封闭的图形。图 6-8 为一部分不同频率比的李沙育波形，利用此法测量频率时，可多找一些参考资料，以便分析。

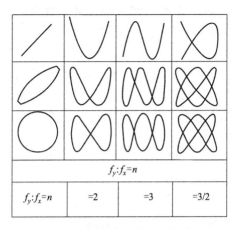

		$f_y:f_x=n$		
$f_y:f_x=n$	=2	=3	=3/2

图 6-8　不同频率比的李沙育波形

6.6.2　李沙育图形法测量相位差

当输入到示波器的 X 轴和 Y 轴的信号频率相同，而相位不同时，便呈现出不同的李沙育图形，图 6-9 所示是这种波形的一部分，有的不仅频率不同，而且相位也不同。

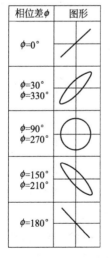

相位差φ	图形
$\phi=0°$	
$\phi=30°$ $\phi=330°$	
$\phi=90°$ $\phi=270°$	
$\phi=150°$ $\phi=210°$	
$\phi=180°$	

图 6-9　李沙育图形法测量相位差

在示波器上显示李沙育图形操作并不复杂，以下给出的是显示两路频率相同、相位不同的信号对应李沙育图形的实例操作步骤。

第 1 步，打开示波器的 CH1 和 CH2 两个不同测量通道，使两个通道的基线都显示在屏幕上。

第 2 步，两个测量通道分别接上探头，探头设置在 10∶1。连接前应对探头完成补偿校正。

第 3 步，分别将两个探头与两路信号可靠连接，通常是一路参考信号与一路被测信号。

第 4 步，按下示波器上的自动设置键，确认两路信号都能在示波器上清晰稳定地显示出波形，并且无太多的干扰。

第 5 步，调节垂直幅度单位，使得两路信号显示的幅度大致相等。

第 6 步，在水平控制时基设定菜单中，选择 X-Y 模式取代常规的 Y-T 模式（一些老式的示波器 X-Y 模式可能是面板上的一个专用键），这时示波器在屏幕上显示出李沙育图形。两组输入信号频率相同，只是频率不同，所以在屏幕上会显示出一个椭圆环，如图 6-10 所示。

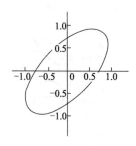

图 6-10　椭圆环形状的李沙育图形

第 7 步，通过调节垂直幅度单位，垂直位置旋钮使波形呈现出最佳状态，同时将椭圆环调整到居中位置，以便于测量。

第 8 步，通过椭圆示波图形法结合计算公式，计算出两路信号的相差角。

6.7 调幅系数的测量

6.7.1 线性扫描法

线性扫描法即波形显示法，用高频电缆线将调幅波接到示波器的 Y 轴输入端，在屏幕上显示的调幅波如图 6-11 所示，测量时，选择示波器的扫描速度，应以调制信号的频率为依据，并使波形稳定显示在屏幕上，测量 A 和 B 的幅度大小，利用下式计算调幅系数。

$$m_a = \frac{B-A}{B+A} \qquad (6-1)$$

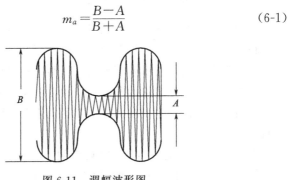

图 6-11　调幅波形图

6.7.2 梯形法

梯形法利用示波器的 X-Y 工作方式来测量调幅系数 m_a。此时屏幕上显示的图形为梯形，如图 6-12 所示。

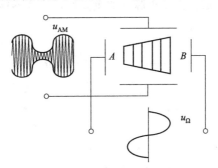

图 6-12　梯形法原理框图

测量时，将调幅波接至示波器的 Y 轴输入端，调制信号接至示波器的 X 轴输入端。经过适当的调整，使屏幕上显示的波形幅度、宽度大小适当，测量 A、B 的大小，利用式 6-1 计算出调幅系数。

与线性扫描法相比，梯形法操作简便，A、B 值容易测得，也较容易观察出调幅是否有相移和失真，但是要求调制信号为已知。因此，梯形法特别适用于发送端的调幅系数测试。

6.8 观测电路的阶跃响应

使用长余辉的示波器，或现代的记忆（存储）示波器，可以观测电路对各种激励信号的暂态响应过程。而电路对于阶跃激励信号的响应，常常可用普通示波器来完成观测。利用较长周期的方波信号输入被测电路，方波的上升沿和下降沿就是阶跃激励信号。由于方波是周期重复性信号，在普通示波器上能看到稳定清晰的阶跃响应曲线。

以图 6-13 所示的一阶 RC 电路为例，u_1 采用占空比为 50% 的周期性正矩形脉冲波。作为激励信号 u_1，用示波器来观测输出电压 u_2 的响应。令正脉冲的重复周期 $T > 10\tau$（$\tau = RC$ 为电路的时间常数），输入的正脉冲就可认为是阶跃激励信号，正脉冲的前沿为上升阶跃，后沿为下降阶跃。可以认为电路对阶跃的暂态响应在 $3 \sim 5\tau$ 时间内完成。由于正脉冲的重复性，示波器能够稳定清晰地显示全部暂态过程。

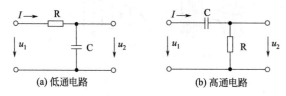

(a) 低通电路　　　　　　　　　　(b) 高通电路

图 6-13　一阶 RC 电路

正脉冲激励信号的波形以及低通/高通电路的输出响应波形，在示波器上显示的波形如图 6-14 所示。通过观测波形可知，电路

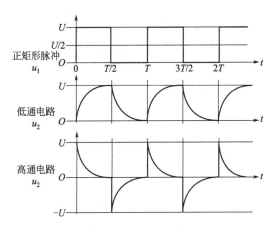

正矩形脉冲 u_1

低通电路 u_2

高通电路 u_2

图 6-14　示波器显示的一阶 RC 电路阶跃响应曲线（$T=10\tau$）

对于正脉冲前后沿的响应都是指数曲线，这在一阶电路的暂态响应中已经得到证明。

从图 6-14 可近似求出电路的时间常数；一是作曲线起点的切线，观测出切距的数值，即得到时间常数；另一个是找出曲线下降到 36.8% 的幅值，或者上升到 63.2% 的幅值所经历的时间，即得到时间常数。

6.9 电子元器件特性测量

6.9.1　利用示波器测量稳压管的稳压值

稳压管是利用 PN 结被反向击穿时的特性来工作的。在一定的反向电压下，稳压二极管被击穿，击穿后它的两端电压基本保持在一个稳定的数值上，此时若改变二极管中的电流大小，将不影响二极管两端的电压，即二极管的反向击穿电压不随反向电流的变化而改变，这就是稳压二极管的稳压原理。测试电路如图 6-15 所示。

测试方法：将示波器调到正常工作状态，两通道的输入耦合开关置 "DC"，分别调整两个垂直位移（Y_1、Y_2）旋钮，使两基线重合并与靠下部的某一水平刻度线对齐。两通道的 "Y 轴衰减" 位置应一致。把输入耦合开关置 "DC" 位置，调节稳压电源的输出

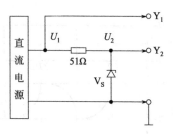

图 6-15 示波器测量稳压管的稳压值

电压, 观察示波器荧屏上 U_1、U_2 的变化情况, 此时随着 U_1 的增加, U_2 也应相应增加。

继续增加 U_1, 直到 U_2 不再上升为止, 然后根据测量直流电压的方法测出 U_2 的值, 即为稳压二极管的稳压值 U_Z。

6.9.2 使用示波器测量晶体三极管的特性曲线

晶体三极管的放大能力可以用指针式万用表粗测, 也可以通过数字万用表的 h_{FE} 装置测出其放大倍数, 但输入、输出特性曲线则必须通过晶体管特性图示仪观察。在没有图示仪的情况下, 用普通示波器也可观测三极管的特性曲线。

测试方法: 按图 6-16 连入示波器, 从图中可以看出: Y_1 通道信号反映了集电极、发射极偏置电压的大小, Y_2 通道的信号反映了该电路中三极管 I_C 的变化, 示波器耦合开关置 "DC" 挡。断开 1.5V 电源, $I_B = 0$, 则示波器上出现一条水平亮线。通入 1.5V 电源, 调整 100kΩ 电位器值的大小, 分别使 I_B 为 20μA、40μA、

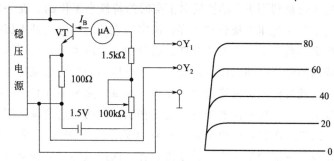

图 6-16 示波器测量测量晶体三极管的特性曲线

$60\mu A$、$80\mu A$，则示波器屏幕上将依次扫描出四条曲线，如图 6-16 所示。由此可以很方便地测出该晶体管的直流放大倍数，并从曲线的线性度上判别管子的优劣程度。

6.9.3　使用示波器测量热敏电阻、光敏电阻

热敏电阻的瞬时电阻值是由该电阻的工作温度决定的。当温度上升后其电阻值的变化情况可分为两种类型：一种为正温度系数热敏电阻 PTC，一种为负温度系数热敏电阻 NTC，测试电路如图 6-17 所示。

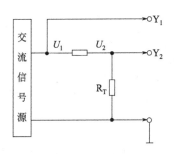

图 6-17　示波器测量热敏电阻的特性

测量方法：分别把图 6-17 中的 U_1、U_2 接入 Y_1、Y_2 通道，调整信号源的输出电压幅度，直到屏幕上显示出满意的 U_1、U_2 正弦波为止。用已被预先加热的电烙铁（$20\sim35W$）靠近热敏电阻，同时观察 U_2 的变化情况。若 U_2 的幅度上升，说明 R_T 为正温度系数热敏电阻；反之则为负温度系数热敏电阻。若随着温度的增加或降低 U_2 的变化很灵敏，则说明此热敏电阻性能良好。

利用上述测试方法，同样可以进行光敏电阻的测量，只要把电烙铁换成手电筒照射即可。

6.9.4　利用示波器检测晶闸管

6.9.4.1　利用示波器在路测量晶闸管

晶闸管使用过程中出现阳极、阴极之间永久性的短路故障，一般借用万用表测量阳极、阴极的电阻值，可快速判断这种故障。但还有一种故障比较隐蔽，晶闸管加有触发脉冲，但不能导通。在实

际应用中三相全控桥可控整流电路用得较多，下面就以三相全控整流电路，以大电感负载为例，分析输出电压降低故障检修方法。图6-18 所示电路为三相全控桥电路在每个周期正确的输出电压 u_d 的波形图，六个波头是 u_{ab}、u_{ac}、u_{bc}、u_{ba}、u_{ca}、u_{cb}，每个桥臂导通 120°，其中下标中第一个字母指的是共阴极组的晶闸管导通对应相，第二个字母指的是共阳极组的晶闸管导对应导通相。

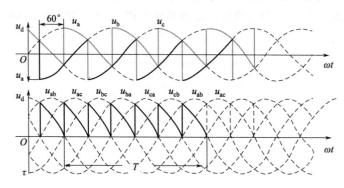

图 6-18　三相全控桥电感负载电路及 u_d 的波形图

　　如果用示波器测得每个周期 u_d 波形如图 6-19 所示，与正确的波形比较少了两个：在 ωt_1 时刻不能正常换相，到 ωt_2 时刻才恢复正常换相，$\omega t_1 \sim \omega t_2$ 期间未导通 120°；少两个波头正好是 120°，无论少哪两个波头，都可以判断出有一个桥臂断路。用示波器测量各管 u_T 的波形，哪个管的 u_T 波形没有导通即是断路的桥臂。

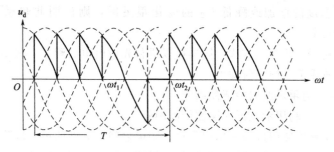

图 6-19　三相全控桥电感负载电路 u_d 的故障波形图

6.9.4.2　利用示波器测试晶闸管的导通条件

晶闸管是自动控制电路中经常使用的器件，实质上就是一个带有控制端的大功率二极管。当控制端不加控制电压时，无论二极管如何偏置，都不会导通的，只有对控制端施加一定电压，再利用示波器测试，测试电路见图 6-20。

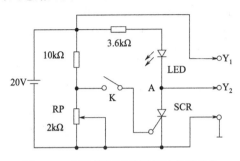

图 6-20　示波器测试晶闸管的导通条件

测试方法：示波器输入耦合开关置"DC"挡，Y 轴衰减开关置 5V/cm。当开关 K 未闭合时，控制端未加控制电压，则 SCR 不导通，回路电流几乎为零，示波器屏上显示的 A 点压 $V_A = 20V$。合上开关 K，调节电位器 RP 的阻值（由小到大），直到晶闸管导通为止，此时发光二极管 LED 亮，V_A 急剧下降（晶闸管导通后的 $V_A \approx 0.7V$）。此时断开开关 K，则 SCR 继续导通，LED 仍亮，屏上显示的电压仍保持在 0.7V 左右，若要 SCR 截止，只有切断电源才行。

双向晶闸管的测试方法可参考上述方法进行。

6.9.5　利用示波器测量电解电容器的漏电流

以固体钽电解电容器漏电流检测为例，漏电流反映的是固体钽电解电容器介质薄膜五氧化二钽的绝缘质量，理想中的电容器介质应是完美无缺的薄膜，它的绝缘电阻可达几百兆欧以上。而实际上五氧化二钽表面存在着各种微小的疵点、空洞以及隙缝之类的缺陷，漏电流就是通过这些缺陷的杂质离子电流和电子电流所组成。如果电流较大，在试验的高应力下，电应力集中，电流密度大，使疵点周围的氧化膜"晶化"，扩大了疵点面积，介质质量进一步恶化，绝缘电阻下降。当漏电流增加到超过技术规范的规定值，造成电容器失效。当漏电流变得无穷大时，实际介质膜已击穿，电容器完全失去了作用。使用了漏电流大而失效的钽电容器，如在整机上，将导致整机不能工作，甚至烧毁部分线路。

根据定义，在电容器两端施加电容器的额定电压，通过示波器测量串联电阻 R_0 两端的电压，可计算出电容器漏电流的大小。图 6-21 所示为漏电流测试原理图。图 6-21 中：C_X 为被测电容器，R_0 为标准电阻 $1 M\Omega$，I_X 为漏电流，U_i 为额定电压。

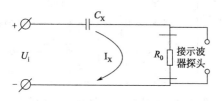

图 6-21　漏电流测试原理图

例如，在测一只 $10\mu F/16V$ 的电容器时，在电容器两端施加 16V 的额定电压，示波器测得的电压值为 125mV，则此电容器在 16V 时的漏电流为 $125mV/1M\Omega = 125nA$。

6.9.6　利用示波器测量霍尔元件

霍尔元件是利用霍尔效应制成新型磁敏元件。一般霍尔元件有立式和卧式两种，能感应一切与磁有关的物理量，并能输出控制信号。具有体积小、灵敏度高、无磨损、功耗低等优点，广泛应用录、放像机电路中。

在录、放像机通电的情况下，用示波器接到霍尔元件的输出端，应有（$0.1\sim0.3V$）V_{P-P} 的方波形输出，其脉冲宽度应达到电路要求，否则该元件损坏。利用此方法可直观准确地判断霍尔元件的好坏。

6.10 示波器测量纯电感纯电容电路中电流与电压的相位差

从前面的知识可了解到，示波器只能显示电压波形而不能显示电流波形，那么，要测量纯电感电路、纯电容电路中电流与电压的相位差，必须要解决电流波形的显示。

在此，我们对电路作一下技术处理来弥补这一限制，如图6-22所示。在电感 L 中串入一个阻值为1Ω的小电阻，所加的电阻 R 其阻值必须远远小于电感 L 产生的感抗 X_L，不会影响到电流与电压的相位关系。我们知道：$I=U/R$，且通过电阻的电流与加在电阻二端的电压其相位是同相，这样，我们可以把取自小电阻二端的电压 U_R 波形可以看成是流过小电阻的电流波形，而小电阻 R 与电感 L 是串联，流过电感的电流与流过小电阻的电流是同一电流。由此，双踪示波器可以直接显示流过电感电流的波形了。

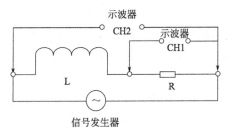

图 6-22　示波器测量纯电感电路、纯电容电路中
电流与电压的相位差

我们可以把图6-22所示电路的端电压看成是加在电感二端的电压，而加在小电阻二端的电压可以看成是流过电感的电流。这样，示波器输入端口 CH2 和 CH1 的信号可以看作为加在电感的电压和流过电感的电流波形，利用示波器就能测出这二列波的相位关系了。

若图 6-22 电路中：$L=10\mathrm{mH}$，$R=1\Omega$，把信号发生器调制的频率为 1200Hz、幅值为 5V 的正弦波输入端电路，双踪示波器形成的二列波如图6-23所示。可见，端电压的波形超前取自小电阻二端的电压波形，超前时间为 $t=0.2\mathrm{ms}$，而周期 $T=0.833\mathrm{ms}$。则二列波的相位差为：$\Delta\phi=t/T\times2\pi=0.2/0.833\times2\pi\approx1/2\pi$。

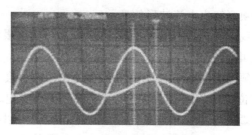

图 6-23　示波器观测的波形图

同理，可以用同样的方法测量纯电容电路中电流与电压的相位差。

6.11 基本放大电路动态的测量

6.11.1　使用示波器测量放大电路的交流放大倍数

在放大电路中常常通过示波器来计算输入输出的大小和相位关系。按照图 6-24 接好电路，用函数信号发生器输出 1kHz 的正弦波，利用示波器探头加至放大电路的输入端，首先测一下低频信号的幅值，再测一下放大器的输出波形，方法同上述交流信号测量。如测得的低频信号的幅值为 10mV，放大器的输出信号幅值为 2.0V，则可计算出放大器的电压放大倍数为

$$A_u = 2V/10mV = 200$$

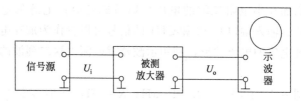

图 6-24　示波器测量放大电路的交流放大倍数

在上述的测量中，应保证输出波形不失真，若出现顶部失真或底部失真的情况，应适当调整放大电路的静态工作点。

6.11.2　放大器输入阻抗的测量

放大电路在小信号作用下，可以看作是一个线性电路，这个线

性电路对于信号源来说相当于负载阻抗 Z_i，这个负载阻抗称为放大器的输入阻抗；在放大器的中频段，可以认为输入阻抗不随频率变化，因此可用输入电阻 R_i 来表示。

利用伏安法测量放大器的输入电阻 R_i 如图 6-25 所示。

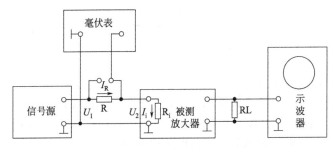

图 6-25　放大器的输入电阻测试框图

在输入回路串联一个辅助电阻 R，输入信号调整在放大电路中频段的某一频段。输入信号的幅度大小调整到不失真的情况，输出端接示波器监视输出波形不失真。用晶体管毫伏表分别测 R 两端对地的交流电压 U_1 和 U_2，从而可求得 R 两端的电压 $U_R = U_1 - U_2$，流过电阻 R 的电流 $I_R = U_R/R$。该电流实际就是放大电路的输入电流，根据输入电阻的定义

$$R_i = \frac{U_i}{I_i} = \frac{U_i}{\dfrac{U_1 - U_2}{R}}$$

需注意的是，辅助电阻的取值宜与输入电阻同一数量级。因为 R 取值太小，测试结果将会有较大的测试误差，若 R 取值太大，又容易引入干扰。

6.11.3　放大器输出电阻的测量

放大器输出端可以等效为一个理想电压源 U_o 和输出电阻 R_o 相串联，如图 6-26 所示。

输入信号的频率仍选择在放大电路频段中的某一频率，输入信号的大小仍调整到确保输出信号不失真，因此仍须用示波器监视输

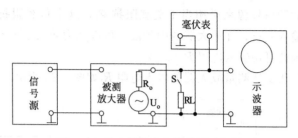

图 6-26　放大器输出电阻的测试框图

出信号的波形不失真。

测试时，首先不接负载 RL 的情况下，用毫伏表测得输出电压 U_{o1}。然后在接上 RL 的情况下，用毫伏表测得输出电压 U_{o2}，通过下式可计算出被测放大电路的输出电阻 R_o。

$$R_o = \left(\frac{U_{o1}}{U_{o2}} - 1\right) RL$$

需注意的是，在测试工程中输入信号的大小要保持不变，所接负载 RL 应不致使放大器过载，最好取 $RL = R_o$。

6.11.4　放大电路幅频特性的测量

放大器的幅频特性是指放大器输出电压与输入电压的比值和频率之间的关系曲线，是一个与频率有关的特性曲线，反映了放大器放大倍数随频率变化而变化的规律。

点频测试法如图 6-27 所示。

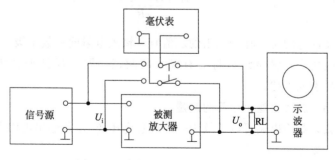

图 6-27　放大电路幅频特性测试框图

保持输入信号电压不变，改变输入信号的频率，测量相应的输出电压值，求放大倍数。取得不同频率点对应的放大倍数，即可绘制出幅频特性曲线。在测试过程中必须用示波器监视输出波形，始终保持输出信号不失真。

测量时要保持输入电压不变，可用毫伏表监测。如果改变频率后输入电压变化，必须调节信号发生器使被测放大器的输入维持原来的大小。

第7章　示波器的选用、保养和维修

7.1 示波器的选用

示波器作为一种常用电子测量仪器，可以实时监测被测信号幅度随时间的变化，被广泛应用于电子测量、电器检查、数据分析等各个领域，为了实现准确测量，示波器的各个参数都应正确设置。因此，选购一台示波器应根据实际应用场合而定，要考虑以下几个方面的问题：

7.1.1　了解被测信号的特性

在选用示波器之前，应先了解以下几个方面的问题：

① 用示波器观察的信号其典型性能是什么，信号是否具有复杂的特性；

② 测量的信号是重复信号还是单次信号，信号过渡过程带宽或上升时间是多少；

③ 拟用何种信号特性来触发短脉冲、脉冲宽度及窄脉冲；

④ 需同时显示多少信号。

7.1.2　正确认识带宽

带宽是示波器最重要的技术指标之一。示波器带宽指的是正弦输入信号衰减到其实际幅度的 70.7% 时的频率值，即 $-3dB$ 点，基于对数标度。带宽决定示波器对信号的基本测试能力。模拟示波器的带宽是一个固定的值，而数字示波器的带宽有模拟带宽和数字实时带宽两种。模拟示波器的带宽即为模拟带宽。模拟带宽只适合重复周期信号的测量，数字带宽不仅适合重复信号的测量，同时也适合单次信号的测量，通常模拟带宽要高于数字带宽。如TDS3052B 数字存储示波器，标注 500MHz（模拟带宽），而最高的数字带宽只有 400MHz 左右。所以在测量单次信号时，不能被数字示波器上标注的模拟带宽所迷惑,信号频率一定要在数字示波器的数字带宽内,否则会给测量带来很大的误差。

测定示波器带宽的方法:在具体操作中准确表征信号幅度,并运用 5 倍准则。使用 5 倍准则选定的示波器测量误差将不会超过±2%。

7.1.3 正确选择触发模式

示波器只有通过触发,使得示波器的扫描与被测信号同步,才能显示稳定的波形。示波器一般有三种触发模式:自动模式(AU-TO)、正常模式(NORMAL)和单次模式(SINGLE)。

在实际使用中,触发方式的选择常常是根据被测信号特性和要观测的内容作出的,其间并没有什么固定的规则,而往往是一个交互的过程,即通过选择不同的触发方式了解信号的特性,又根据信号的特性和想要观测的内容选择有效的触发方式。

根据被测信号特性的不同和观测内容的不同,选择合适的触发模式。

一般对未知信号的测量,选择自动模式,因为这时示波器会扫描,至少能在屏幕上看到扫描线,不会什么都没有。

对简单的周期信号,可以选择正常模式或者自动模式,将触发方式在自动与常态之间切换,屏幕波形不会发生什么变化;但对复杂的周期信号,如视频信号,应选择正常模式。因为自动模式下,示波器会进行所有的实际扫描,其结果是使得不是由触发产生的扫描所对应的波形与触发扫描所对应的波形一起显示出来,造成显示波形的混叠,因而不能清晰地显示视频信号。

单次模式在数字示波器中能够表现出很强的优势,可以捕捉单次出现或多次出现但不太具有周期性的信号。单次触发方式一般用来观察非重复信号或单次瞬变信号。对于普通模拟示波器而言,在这种方式下什么也看不到,因为波形一闪而过,示波器不能将其保留。

7.1.4 考察波形捕获速率和波形捕获方式

所有的示波器都会闪烁。也就是说,示波器每秒钟以特定的次数捕获信号，在这些测量点之间将不再进行测量。这就是波形捕获速率，波形数每秒（wfms/s）。采样速率表示的是示波器在一个波形或周期内，采样输入信号的频率，波形捕获速率则是指示波器采集波形的速度。波形捕获速率取决于示波器的类型和性能级别，且有着很大的变化范围。

高波形捕获速率的示波器将会提供更多的重要信号特性，并能极大地增加示波器快速捕获瞬时的异常情况，如抖动、矮脉冲、低频干扰和瞬时误差的概率。

大多数数字荧光示波器（DPO）采用并行处理机制来提供更高的波形捕获速率。例如泰克DPO-7000系列数字荧光示波器凭借每秒可捕获250000个波形的第四代DPX信号取样系统，能够在任何采样速率水平上进行高速捕捉波形。一些DPO甚至可以在一秒钟之内获得数百万个波形，大大提高了捕获间歇的和难以捕捉事件的可能性，并能让用户更快地发现信号中存在的问题。而且，DPO的实时捕获和显示三维信号特性（如幅度、时间以及幅度的时间分布特性）的能力使其能够得到更高等级的信号特性。通过提供更高的波形捕获速率和三维显示，DPO可以得到更高等级的信号特性，使其在一系列应用中，成为最通用的设计和故障检修工具。

7.1.5 采样速率

采样速率是指数字示波器对信号采样的频率，表示为样点数每秒（S/s）。示波器的采样速率越快，所显示的波形的分辨率和清晰度就越高，重要信息和事件丢失的概率就越小。如果需要观测较长时间范围内的慢变信号，则最小采样速率就变得较为重要。典型地，为了在显示的波形记录中保持固定的波形数，需要调整水平控制按钮，而所显示的采样速率也将随着水平调节按钮的调节而变化。

根据Nyquist（奈奎斯特）采样定理，对于正弦波，每个周期至少需要两次以上的采样才能保证数字化后的脉冲序列能较为准确的还原原始波形。如果采样率低于Nyquist采样率则会导致混叠

（Aliasing）现象。然而，这个定理的前提是基于无限长时间和连续的信号。由于没有示波器可以提供无限时间的记录长度，而且，从定义上看，低频干扰是不连续的，所以，采用两倍于最高频率成分的采样速率通常是不够的。

实际上，信号的准确再现取决于其采样速率和信号采样点间隙所采用的插值法。一些示波器会为操作者提供以下选择：测量正弦信号的正弦插值法，以及测量矩形波、脉冲和其他信号类型的线性插值法。

采用数字重组形式［如 sin（x）/ x 内插］的示波器要求取样速率至少比示波器带宽高 4 倍。在示波器没有采用数字重组形式时，倍数实际应该是 10 倍。但是，大多数示波器采取某种形式的数字重组，因此采用 4 倍倍数经验法则应该足够了。

7.1.6 存储深度

在示波器中，把经过 A/D 数字化后的八位二进制波形信息存储到示波器的高速 CMOS 存储器中，就是示波器的存储。而存储深度是指示波器所能存储的采样点多少的量度。在存储深度一定的情况下，存储速度越快，存储时间就越短，它们之间是反比关系。由此可见，提高示波器的存储深度可以间接提高其采样率：当要捕获较长的波形时，由于存储深度是固定的，所以只能降低采样率，但这样势必造成波形质量的下降；如果增大存储深度，则可以使用更高的采样率，以获取不失真的波形。

因此，存储深度决定了 DSO 同时分析高频和低频现象的能力，包括低速信号的高频噪声和高速信号的低频调制。在了解了采样率和存储深度后，就非常容易理解这两个参数对于实际测量的影响。例如在常见的开关电源测试中，开关频率一般为 200kHz 左右或者更快，由于开关信号中经常存在工频调制，工程师需要捕获工频信号的四分之一周期或者半周期，甚至是多个周期。开关信号的典型上升时间约为 100ns，为保证精确的重建波形需要在信号的上升沿上有 5 个以上的采样点，即采样率至少为 5/100ns＝50MSa/s，也就是两个采样点之间的时间间隔要小于 100/5＝20ns，对于至少捕获一个工频周期的要求，意味着需要捕获一段 20ms 长的波形，这样可以计算出来示波器每通道所需的存储深度＝20ms/20ns＝1M。同样，在分析电源上电的软启动过程中功率器件承受的电压应力的最大值，则需要捕获整个上电过程（十几毫秒），所需要的示波器采样率和存储深度甚至更高。

7.1.7 通道数选择

在实际选用示波器时，需要的通道数取决于应用的场合及要求。对于通常的经济型故障查寻应用，需要双通道示波器。若要观察若干个模拟关系的相互关系，则需要一台 4 通道的示波器。目前业界的最高水平是四个通道同时使用。

当前许多电路中都采用数字成分。因此不管电路中的数字成分高低，传统的 2 通道和 4 通道示波器都很少提供触发和查看所有感兴趣的信号所需的通道数量。但是，一种新型示波器已经大大增强了这种典型仪器在数字应用和嵌入式调试应用中的使用。这种技术称为混合信号示波器（MSO）。

7.1.8 正确测量信号有效值

在有的情况下，需要测量得到复合信号的有效值，即信号中交流成分和直流成分复合后信号的真有效值。示波器对信号有效值的测量有 V_{ac} 和 V_{dc}，对直流信号可以直接测得 V_{dc}，对交流信号可以测得 V_{rms} 或者 V_{pp} 后换算成有效值，然后再合成复合信号的有效值。值得注意的是，这里的合成是 $V_{rms}=\sqrt{V_{dc}^2+V_{acrms}^2}$，而不是简单的 $V_{rms}=V_{acrms}+V_{dc}$。而一些数字示波器和工业示波表中有 $V_{ac}+V_{dc}$ 的测量功能，可以直接用此功能测得复合信号的有效值。

7.1.9 示波器的指标精度

示波器类似于照相机，能够捕获我们所感知的信号图像。示波器的基本体系结构也类似，示波器的性能考虑将在很大程度上影响到其对所要求的信号完整性的实现能力。示波器的指标很多，如水平准确度（时间基准）、垂直分辨率、增益精度、垂直灵敏度、扫描速度、波形捕获速率、采样速率等。

7.1.10　探头和附件

值得注意的一点是，探头实际上也是电路的一部分，引入阻性、容性和感性负载，这些负载不可避免地改变测量参数。当需要精确的结果时，选择的探头需要有最小的负载。与示波器配对的理想的探头将这种负载最小化，能充分发挥示波器的能力、特性和容限。

在测量一般的信号和电平时，无源探头使用方便，能够以普通的价格在大范围内满足测量需求。当测量电源时，配合使用无源电压探头和电流探头是理想的解决方案。在测量高速或差分信号时，高速有源和差分探头是理想的解决方法。许多现代的示波器提供专门的针对输入和配合探头接口的自动化的特性。对于一些智能探头接口，当探头一连接到仪器上，就会把探头的衰减因数告知示波器，示波器则标度显示，把探头衰减考虑到屏幕的读数里。

7.1.11　正确选择示波器的类型

测量过程中，应依据被测信号的具体情况选择是使用模拟示波器还是数字示波器。如果进行调整工作，最好选用模拟示波器，因为模拟示波器的实时显示能力使它在每一时刻都能准确地显示输入信号的波形，其波形刷新率很高，所以信号任何变化都能立即显示出来。这些都是数字示波器所不能实现的，因为数字示波器存在采集速率的限制，信号变化到信号显示存在明显延迟，而且显示亮度也是单一的。但在数字示波器上由于采样点数有限以及没有亮度的变化，使得很多波形细节信息无法显示出来。

进行信号参数的测量，最好选用数字示波器，因为其具有自动测量的能力，而使用模拟示波器，使用人员必须自己设置各个参数，分析波形才能得到测量结果。进行单次信号测量或者是对毛刺和尖峰测量，最好选用数字示波器。因为这些毛刺和尖峰都是偶尔出现，而且是很窄的脉冲，数字示波器可以捕获并长时间显示，而这些是模拟示波器所不能做到的。

7.1.12　互联性

对测量结果的分析是非常重要的。将信息和测量结果在高速通信网络中便捷地保存和共享也变得日益重要。示波器的互联性提供对结果的高级分析能力并简化结果的存档和共享。

一些示波器通过标准的接口（RS-232、USB、以太网）和网络通信模式提供一系列的功能和控制方式。一些高级示波器具有以下功能：

① 在执行具体操作的同时在示波器上创建、编辑和共享文档；

② 访问网络打印机和文件共享资源；

③ 访问 Windows 桌面；

④ 运行第三方的分析和文件管理软件；

⑤ 连接网络；

⑥ 访问因特网；

⑦ 发送和接收电子邮件。

7.1.13 可扩展性

示波器应该能够不断地适应需求的变化。一些示波器可以：

① 增加通道的内存以分析更长的记录长度；

② 增加面对具体应用的测量功能；

③ 有一整套的兼容的探头和模块，加强示波器的能力；

④ 同通用的第三方的 Windows 兼容的分析软件协同工作；

⑤ 增加附件，如电池组和机架固定件。

应用模块和软件将把示波器变成一个专用的分析工具，它可以执行以下功能，如进行抖动和定时分析，微处理器存储体系验证，通信标准测试，磁盘驱动测量，视频测量，功率测量，等等。

7.1.14 易学易用性

在选用示波器时应易学易用，协助用户高效地完成工作。许多示波器通过为用户提供仪器的多种操作方式，结合了高性能和简单易用性。前面板的布局提供了专用的垂直、水平和触发控制按钮。多图标的图形用户界面帮助读者理解和直观地使用高级性能。触摸屏可以提供清楚的屏幕按钮，解决了各种凌乱的问题。在线帮助提供便利的内置参考手册。利用直观的控制按钮，可以让用户轻松自如地操纵示波器，而专职的用户则可以使用示波器的高级性能。而且，许多便携式示波器，能够在多种不同的操作环境中都高效率地工作。

7.2 示波器的保养与维修

7.2.1 示波器的保养

① 保证示波器不受强光直射，附近无强电磁场环境下工作。

② 使用中不要频繁地开关电源。长期不用应放在通风干燥的地方，并定期进行通电。在进行通电测试时，要避免外壳带电，以防危及人身安全。

③ 注意防尘、防潮。平时可用毛刷、干抹布等将示波器的外表擦拭干净，避免用潮湿的抹布擦拭，以防受潮。

④ 不要在打开机箱的情况下使用示波器，尤其是 CRT 为显示器的电子示波器，加速极的高压可能对人身安全造成伤害。

⑤ 示波器使用一段时间后，其主要性能可能会逐渐下降，应根据其说明书对示波器主要技术指标进行定期检定，以确保示波器的性能稳定和测量的准确性。

7.2.2 示波器维修的基本原则

对于待修示波器的线路和工作原理要了解和掌握，对各键钮的作用要熟悉，使用要正确；仔细观察故障现象并检查操作是否正确；变换开关、键钮等使荧光屏上显示出在不同状况下的故障图像，根据这些失常的图像进一步判断故障的性质和原因。

第一，要建立起示波器工作原理的整机方框概念，掌握被分析电路的基本结构。

第二，进一步理清信号流程，了解信号的来龙去脉及各种变化。弄清各功能块之间的关系后，再对功能方框内部进行明确分工。清理的方法一般有两种：

① 顺向清理法

由前述的示波器原理方框图，抓住电路中的某些特征元器件，从前至后，逐级理顺。识别实际电路的基本结构、信号处理过程，明确各级功能。

② 逆向清理法

以终端负载为起点，由末端向前面清理。如显像管、偏转线圈，特别是 X 输出放大器、Y 输出放大器的终端，它们在电路中特点鲜明，容易识别。因此，以它们为起点，按照理论所要求的信号处理过程，逐级向前，明确各级功能。

第三，理清供电系统。电源正常是保障电子示波器各部分电路正常工作的前提，在维修中，首先要确定电源部分工作是否正常。若电源正常再检查别的电路，逐步寻找出故障点，要求技术人员平时对仪器的一些电路关键点的正常电压值、波形有所记录，需要时用以比较分析，快速判断故障点。

第四，区分示波器的各种功能电路。普通电子示波器一般由 Y 轴放大器、触发放大电路、扫描发生器、X 轴放大器、校正信号发生器、稳压电源、高压电源及示波管、电源变换器、探头等 9 个模块所组成。通过面板功能，就可以将故障定位在模块级，再检查相应的模块。可利用面板功能法，电路分割法，参数测量法，元件替代法等，都可以对故障区域进行压缩，最终找到故障点。示波器的触发放大电路、扫描发生器等多为脉冲电路，有各种不同的电压波形，脉冲电路的工作情况用其他方法检查较困难，而用波形观察法比较有效。

第五，简化疑难电路。首先分析直流系统。明确被分析电路的直流供电情况，估算关键点的静态工作电压，了解偏置的性质与级间耦合方式，分析电路中有关元件的作用。其次用交流等效电路的分析方法绘出交流等效电路，从而辨别电路的性质，分析电路的工作原理，研究输入、输出的波形。

第六，区分出主要元件和一般元件。主要元件是直接影响电路基本功能的元件，一般元件是为了改善电路的一些性能而附加的元件。

① 在维修中首先着重检查主要元件然后检查其他元件。

② 准备好必要的测量仪器、工具及备用元件。

③ 掌握元件好坏的鉴别方法，了解元件代用、更换、选用原则。维修示波器时元件代用应小心，不同测频范围的示波器其通道放大器所采用的晶体管特性差异很大，代用型号元件特性不得低于

原型号所用元件的相关特性。

④ 借用电视机维修的方法和经验。因为示波器和电视机有大量的相近电路，如高压及显像管电路，通道放大电路，小信号扫描触发电路等，故电视机的大部分维修方法和经验均适用于示波器，可直接借用。

7.2.3 示波器的常见故障排除

示波器常见故障现象如表 7-1 所示。

表 7-1 示波器常见故障现象

故障现象	可能故障部位范围
无光	电源、示波管及供电电路
屏幕中心一亮点	水平扫描电路
水平一条亮线	垂直扫描电路
垂直一条亮线	水平扫描电路
波形不同步与图像不同步	触发电路、同步电路
有信号输入，但只显示一条亮线	垂直扫描电路

示波器常见故障的排除如表 7-2 所示。

表 7-2 示波器常见故障的排除

电路系统	故障现象	可能故障部位
垂直放大	失去放大作用	晶体管、IC
	灵敏度失常	增益校正
	频宽不足与频响不平	IC 不良
	限幅	IC 不良
	非线性失真	晶体管、IC 不良
	工作不稳定	电源、IC
衰减器与探头	无衰减作用	短路
	信号不能传递	断路
	衰减比不准确	分压电阻变质
	振荡	引线过长

电路系统	故障现象	可能故障部位
位移电路	调节"位移"时光迹不动	位移电位器坏
	光迹偏向一边	偏转板、功放
	位移范围小	示波管灵敏度低
	位移极性相反	偏转板焊反
	在位移过程中出现故障	位移电位器坏
延时线	不能传递信号	内部短路、断路
	信号经延时线后失真	电容
触发同步电路	外触发失常	触发选择不良
	内触发失常	触发选择不良
	内、外触发失常	触发输入放大
	同步过强	同步脉冲太大
	同步弱	同步脉冲太小
	"自动"扫描不工作	触发同步电路
	"自动"工作时不能同步	触发同步电路
扫描发生器	触发扫描不工作	触发电路
	连续扫描不工作	扫描发生器失常
	扫描线短	示波管供电
	扫描线长度不等	闸门脉冲失常
	锯齿波上有振荡	扫描发生器失常
	扫描速度误差大	示波管供电
增辉电路	无增辉脉冲输出	增辉电路
	增辉脉冲前后沿时间长	
	增辉脉冲平顶下降	
	增辉脉冲始段过冲	
	增辉脉冲幅度低	

电路系统	故障现象	可能故障部位
水平放大器	外水平输入时失常	外水平放大
	内锯齿波不能放大	水平选择开关
	亮点偏移	位移电路
	无水平偏转	水平放大器
	扫描线过长,灵敏度过高	水平增益大
	扫描线短,灵敏度低	增益微调
	频宽不足,扫描非线性大	水平放大器
	水平位移失灵	水平位移电路
	"扩展"失常	扩展电路
示波管相关电路	灯丝不亮	灯丝断
	无光迹亮、度过强	示波管供电失常
	亮度不够	亮度电位器
	聚焦不良	聚焦电位器
	无高压输出	高压停振
	高压不振荡	振荡电路
电源电路	各路电源均无输出	电源开关保险
	电源保险丝连续熔断	变压器短路
	无整流电压输出	整流管坏
	稳压器无输出	稳压电路
	稳压器输出不稳定	稳压电路
	直流变换器不起振	振荡管

7.2.4 维修实例

由于示波器种类、型号等不相同,故障现象也不同。下面仅以一些实例对示波器某些故障现象和解决方法简要说明。

维修实例 1

故障现象:一台 SR-8 型示波器开机后,示波器指示灯亮,但屏幕上无光点和扫描基线，调节辉度、Y轴移位和寻迹旋钮，仍然无光点和扫描基线。

故障分析和维修：

根据故障现象初步判断故障可能出现在Y轴偏转系统。图7-1所示为 SR-8 型示波器 Y 轴后置放大器原理图。

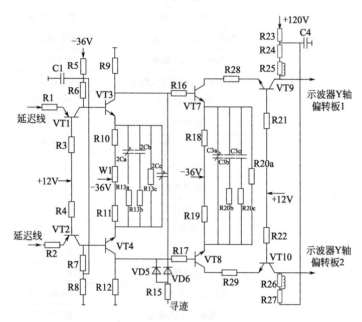

图7-1　SR-8型示波器Y轴后置放大器原理图

由于 YA 和 YB 两个通道都没有扫描基线，故障可能在门电路及其后面的电路部分。检查时，首先将显示选择开关分别置于 YA 和 YB，用于区别故障是出现在门电路之前还是之后。将 Y 轴插件部分拔下，屏幕上仍然没有光点和扫描基线，再将后置放大器的线路板取下，扫描基线出现，则可以判定故障出现在 Y 轴后置放大器上。将 Y 轴插件部分和后置放大器重新安装好，Y 轴移位旋钮置于中间位置，Y 轴增益微调旋钮置于校准位置。用万用表测量后置放大器末级 VT9 的集电极 C 和 VT10 的集电极 C 之间的直流电压，此电压的正常值随着 Y 轴移位旋钮的旋转可调（在 40～70V

之间变化）。而实际测得的电压值为 82V，调节 Y 轴移位旋钮这个电压值没有变化。可见示波器上看不见扫描基线是由于加在 Y 轴偏转板上的电压太大，导致扫描基线移出了示波器屏幕的有效范围。用逐级短路法判断故障所在的部位。用一根短路线将 VT9 和 VT10 的输出端集电极 C 短接，屏幕中心出现扫描基线，然后再短接 VT7 和 BG8 的输出端集电极 C，屏幕上仍然有扫描基线，说明这两点以后的电路是正常工作的。继续向前短接 VT3 和 VT4 的输出端集电极 C，这时没有扫描基线出现，故障就出在 VT7 和 VT8 这一级。将 VT7 和 VT8 拆下来，测量后发现 VT7 已损坏，而 VT8 仍然是好的。找一型号和参数都和 VT7 相同的换上，示波器工作正常。

维修实例 2

故障现象： 一台 SR-8 型双踪示波器 X 轴起始部分波形密集，X 轴位移旋扭往右移动时，波形逐渐拉开且整个图像在 X 轴部分收缩，即达不到满幅。

故障分析和维修：

故障状态波形如图 7-2 所示，根据以上故障现象进行分析，首先可肯定故障范围出在 X 轴部分，再经过仔细分析，该故障属于典型软故障，对 X 轴部分进行细致检查，发现 X 轴放大器部分电容 $C_{25-6a}=820\text{p}$ 软击穿，用万用表 100Ω 档测量其电阻为 800Ω。X 轴放大器电路线路见图 7-3，由于电容 C_{25-6a} 软击穿，X 轴放大器输出端对地等效于多接一部分回路，相当于负载增加，输出电压幅度下降，所以整个图像在 X 轴部分收缩（即达不到满幅）。对故

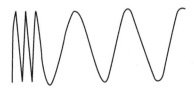

图 7-2　故障状态波形图

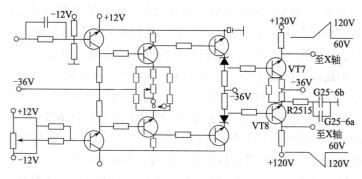

图 7-3 X 轴放大器线路图

障电路板 X 轴放大器静态工作点测量，发现 VT7 的 U_{be}＝0.4V，VT8 的 U_{be}＝2.8V，显然 VT7 工作在线性区，VT8 工作在截止区。测量功率放大管 VT7 和 VT8 的集电极输出波形，VT7 的输出波形为一幅度 20V 的锯齿波，VT8 无波形输出，相当于在 X 轴偏转板上施加 20V 的锯齿波，而正常状态下 X 轴偏转板上施加 60＋60＝120V 的锯齿波，因此 X 轴扫描宽度故障状态下与正常状态下失真幅度比 ρ＝(20＋0)/(60＋60)＝20/120＝1/6。例如输入频率 f＝500Hz 信号，正常状态下测量其周期 T＝2ms。而在故障状态下测量 T^*＝2/6ms＝0.33ms。图形为 X 轴方向压缩 6 倍密集波形。随着水平位移电位器顺时针旋转，VT7 管输出波幅度逐渐增大，VT8 管逐渐进入线性工作区，X 轴方向被压缩的波形逐渐被拉开，显示正确的频率波形。

将软击穿的电容 C_{25-6a} 更换一只同型号的电容后故障消除，电路恢复正常。

维修实例 3

故障现象： 一台 J2459 型示波器接通电源开关，电源指示灯亮，荧光屏上有亮点，但没有扫描线。

故障分析和维修：

根据上述故障现象，首先检查操作面板上的"扫描范围开关"

已置于 1k 位置，调节"X 增益"电位器至最大位置，荧光屏上仍无扫描线显示。调节"X"移位电位器，荧光屏上亮点在水平方向左右移位正常，估计上述故障是因扫描发生器电路工作失常或"扫描范围开关" K4 接触不良而造成的。该电路见图 7-4 所示。

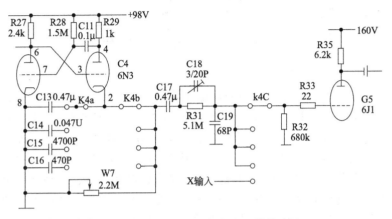

图 7-4　J2459 型示波器扫描发生器线路图

拆开机壳，用万用表检查扫描发生器 G4（6N3）各脚电压正常，用一只 0.1μF 电容将 G4 第②脚（阴极）输出的扫描信号直接送到水平前置放大器 G5（6J1）第①脚，荧光屏上出现扫描线，取下电容扫描线消失，进一步发现"扫描范围开关" K4 触点已严重氧化，因此引起接触不良，需要更换同规格瓷质波段开关 KCZ-3D5W 后才能恢复正常工作。

维修实例4

故障现象： 一台 COS5020CH 示波器无扫描线。

故障分析和维修：

其输入端包括 A 扫描和 B 扫描发生器的增辉信号和 Z 轴输入端加入的外调辉信号、B 辉度控制信号以及所有辉度控制信号，A、B 扫描发生器增辉信号电路如图 7-5 所示。

Z 轴放大器是一个对称的直流耦合放大器，输入端的任何电压

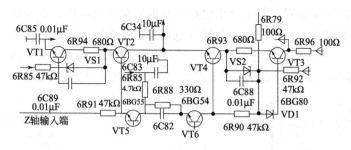

图 7-5　A、B 扫描发生器增辉信号电路

发生改变均影响输出端的直流电压输出，从而影响荧光屏显示辉度强弱。首先将示波器垂直水平位移居中，Y 方式置 "Y1"，t/cm 置 "1ms"，扫描方式置 "自动"，X 方式置 "A"，增加辉度无光迹出现。再置 t/cm 为 "X 外接"，无光点出现，拔掉 Y 输出插座并将其短接，此时出现光迹，说明触发发生器、水平开关电路、X 输出放大器正常，需检查 Z 轴放大器。检查 Z 轴放大器的电源电压正常，检查输出功率放大管 VT3 的基极电压异常，用万用表电阻档测试其偏置电阻 6R92 发现已坏，用一等值电阻替换后恢复正常。

维修实例5

故障现象： 一台 CA8020 型示波器无光点、无基线，电源指示灯亮。

故障分析和维修：

将扫描旋钮旋至 AUTO，调节 CH1、CH2 上下位移旋钮不起作用。先通过开关机观察是否有亮光闪过，若有说明示波器有高压；若无，则检查高压电路或 Y 末级组合电路的负反馈电阻 2R59、2R60。若电阻变质将引起 Y 偏，同时增益变大，2V33～36 4 只管构成末级管，如损坏会引起 Y 动态不好，如图 7-6 所示。

送入本机校准信号，如幅度大（0.1V/div 档，显示 5 格），则 2R52、2R53 有 1 只电阻开路。如上下移位幅度不变，则 2V33～36 这 4 只管中有坏管。

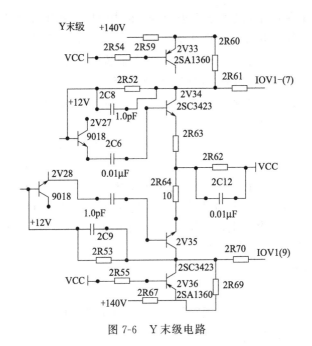

图 7-6　Y 末级电路

换电阻 RJ-1/2W-18k 或晶体管 2SA1360，2SC3423 后恢复正常。

维修实例6

故障现象： 一台 SR8 型双踪示波器开启电源 5～6 分钟后，发现时基线缓慢向下移出屏幕，但此时波形显示依然正常，关机几分钟后再开启电源故障消失，但几分钟后故障再次出现。

故障分析和维修：

根据故障现象初步判断为垂直放大电路出现软故障，因电路中的元器件接通电源工作一段时间后受热，参数发生变化所致。

对外围电路的元器件粗略检查，发现示波器面板上极性选择开关在推、拉转换时，时基线有上下移动和抖动现象，很显然极性选择开关接触不良。打开外壳拆换极性选择开关后，时基线稳定展现在屏幕上，正要准备装壳时，但突然时基线又开始向下移。由于这一试验是在打开机壳状态下进行的，机内温度自然比合上机壳时上升缓慢。仔细分析该机的原理图，认为产生时基线下移的原因是垂直放大电路 Y，它包括 Y_A、Y_B 两个前置放大电路、公共前置放大电路 Y_{3B}、Y 后置放大电路和电源电路。这些电路上的元器件参数发生变化均能使垂直放大电路的直流电位失去原有的平衡，导致时基线上下漂移。

逐步检查 Y_A、Y_B 两个前置放大电路、公共前置放大电路 Y_{3B}、Y 后置放大电路和电源电路，发现电源电路 ±12V 稳压电源不稳定，－12V 电源发生 2V 左右的变化，在对－12V 稳压电源取样电位器 W_{151} 调整过程中发现输出电压变化不平滑有跳动，且不易回到－12V 电压上，更换 W_{151} 再通电试验，示波器时基线稳定展现在屏幕上，故障排除。

维修实例7

故障现象：一台 SS-5705 示波器没有水平扫描，只显示一条垂直亮线，但可以水平横向移动。

故障分析和维修：

此故障显然是水平扫描电路故障。首先检查电源电路，P09 插头，＋100V、＋50V、±10V 都正常。再检查水平扫描放大电路，各级放大器都工作正常；测量 "H-POSITION" 电位器的中心抽头电位为零时，垂直光线正好在屏幕的中央。测量发现水平扫描信号 "H-SIGNAL" 没有，此信号来源于双扫描控制电路。"H-SIGNAL" 信号来源于 XYSIGNAL、B-SWEEP 和 A-SWEEP，它们又分别受面板水平轴工作方式和垂直轴工作方式的控制。

根据原理图，测量 6IC04 的第⑤和第⑥脚的电位都为高电平，这样使 6IC02（7406）的第⑧脚输出为低电平，三极管 Q07 导通，二极管 6D15 和 6D14 导通，二极管 6D17 和 6D18 截止，扫描信号 "A-SWEEP" 和 "B-SWEEP" 被封锁。"H-SIGNAL" 无输出。再测量 6IC04 的第④脚置位端为低电平，使 6IC04（74LS112）触发器为置位状态，测量 6Q06 集电极的电位为低电平，6Q06 饱和导通，使二极管 6D14 导通，6IC04（74LS112）的第④脚的电平保持为低电平，此时，改变触发方式选择电路中的信号方式"A"、"B"和"INT"，但 6Q06 的基极始终为高电平＋5V。

改变面板上垂直轴工作方式选择控制开关，使之选择"X-Y"方式，测量 3Q12 的基极电压从 0V 变为＋5V，但 3Q12 集电极的输出电压在 4.6～4.8V 之间变化，将 3Q12 拆下，模拟其工作条件，测试发现其性能正常。测量 3 号线路板中的 3E-3E 接点对地的电阻为 56Ω，对＋5V 电源的电阻为 1Ω，将 3 号线路板拔下，测量 3E-3E 接点对地和＋5V 电源的电阻很大。再测量 7 号板中的集成电路 7IC02（74LS123）的第⑨脚对地的电阻为 56Ω，对＋5V 电源的电阻为 1Ω。将集成电路 7IC02（74LS123）拆下，再测量，发现第⑨脚与＋5V 电源击穿，用同型号的元件更换后，故障消除。再将标准信号源中的各个波形输入到示波器中，重新校准调整，仪器可正常工作。

第8章 用示波器检修彩色电视机

8.1 电视机的信号及检测

电视机中的波形分两类：一是由电视机内电路振荡产生的振荡波形；二是接收电视信号形成的波形。振荡波形与电视信号无关，电视机工作时，无论是否接收电视信号都会产生相应的电压波形。如：行场扫描、色负载波、行逆程脉冲等电压波形。接收电视信号形成的波形，只有收到电视节目后才在相应的电路出现，如全电视信号、同步信号、亮度信号、色度信号等。这两类信号之间有相互联系，行场振荡电路受行场同步信号控制，色负载波振荡受色同步信号控制。在检测信号波形时，首先要了解全电视信号、亮度信号、色度信号、三基色信号等。只有电视机接受标准彩条信号才有意义。

图 8-1 所示电路是一部最简单彩色电视机电路结构（两片机）方框图，从图中可以看出各部分电路的输入输出波形，从而可以了解彩色电视机的工作过程。两片机的电路结构中，一个集成电路完成中频信号的处理，包括视频检波和伴音解调电路，另一个集成电路进行视频处理和形成扫描脉冲。

追踪电视机中信号的流程是检测故障的基本方法，方法是首先使电视机处于工作状态，然后顺信号流程逐级检测各主要电路的信号（主要是波形、幅度），并与标准信号波形对照，从而分析和推断出故障源所在。若在检修过程中发现有波形消失或波形异常，则为我们检修故障提供了线索。然后再检测相关的工作电压、在路阻抗，这样就比较容易发现故障源了。即使不采用波形法，在采用其他方法时，了解各单元电路输出输入性质，也是判断故障的必要前提。一台普通 PAL 制彩电的信号流程图如图 8-2 所示。

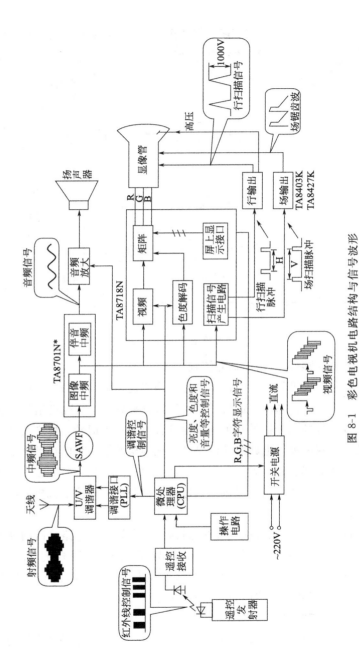

图 8-1 彩色电视机电路结构与信号波形

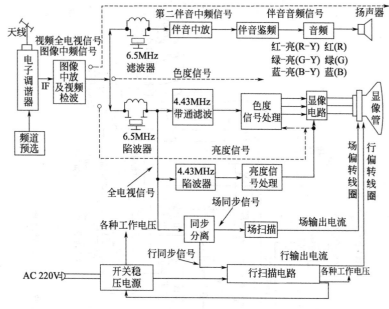

图 8-2　彩色电视机信号流程图

8.1.1　视频解码电路的信号流程

　　彩色电视机的亮度和色度处理电路叫视频解码电路。在电视信号的发射和传输系统中需要对信号进行种种处理。将亮度信号、色度信号、行场同步信号和色同步信号合成为一个信号，称之为全视频信号。视频解码电路的功能是把由视频检波器输出的视频全电视信号解调成红、绿、蓝（R、G、B）三基色信号，或者是三个色差信号和一个亮度信号提供给显像管。检测中一般让电视机接收标准彩条信号。

　　以 LA7680 中的视频解码电路为例，中频解码电路输出的视频信号送到色度带通滤波器电路，正好可把 PAL 制式的 4.43±1.3MHz 的色度信号选出来。当接收的信号为标准彩条信号时，LA7680⑩脚显示的波形如图 8-3 所示。

8.1.2　行扫描电路波形

　　行扫描电路是电视机的重要组成部分，行输出级是电视机的心

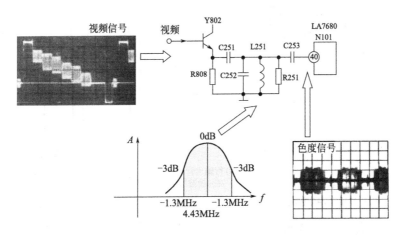

图 8-3　接收标准彩条信号时色度信号波形

脏。绝大多数无光栅故障都在行输出三极管。行扫描电路主要检测
的波形有行振荡波形、行激励波形、行推动波形、行输出管集电极
逆程脉冲波形和行输出变压器各脚波形等，这些波形均属本机产生
的信号，不接收电视节目时就可测到。

　　A3 机芯的小信号处理集成电路 LA7680 第 28 脚为行振荡陶瓷
滤波连接端，外接 500kHz 陶瓷振荡器，产生 500kHz 信号，经集
成电路内 32 分频器分频后得到行频信号（继续分频后得到场频信
号），将示波器扫描速度置 1μs/格挡，Y 轴衰减调到适合观察为
宜。LA7680 第 27 脚输出行激励信号，经行推动管 V431 和行推动
变压器 T431 后加在行输出管 V432 的基极。测试行推动和行输出
部分波形时，应特别注意输出部分的逆程脉冲是高达 1000V 的脉
冲高压，测试时需用 100∶1 的衰减探头。这些波形反映了行扫描
电路的工作情况，如图 8-4 所示。

8.1.3　场扫描电路波形

　　场扫描电路和行扫描电路是互相关联的，只有行扫描电路工作
正常，场扫描电路才能工作。场扫描电路的波形主要有场振荡信
号、场频锯齿波信号和场输出电路中的锯齿形脉冲信号等。检修

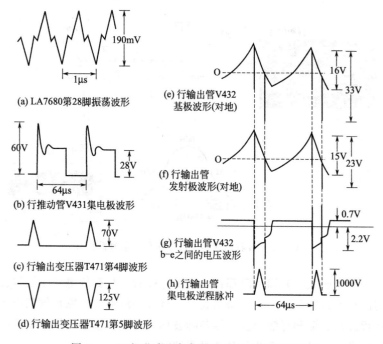

(a) LA7680第28脚振荡波形

(b) 行推动管V431集电极波形

(c) 行输出变压器T471第4脚波形

(d) 行输出变压器T471第5脚波形

(e) 行输出管V432基极波形(对地)

(f) 行输出管发射极波形(对地)

(g) 行输出管V432 b-e之间的电压波形

(h) 行输出管集电极逆程脉冲

图 8-4　A3 机芯彩电行扫描电路关键测试点波形

时，使用示波器顺着场扫描信号电路的流程逐级检查，并参照技术资料中的波形表，对照分析波形的周期、幅度和波形来判别故障。

检修时，应注意场扫描信号是以同步信号为基准的，同步信号的失落必然会引起场扫描信号的频率、相位失常，因此，要查同步分离电路产生的场同步信号。若场扫描电路中各主要检测点的波形都正常，但图像仍为一条亮线，应检查场偏转线圈工作是否正常。

A3 机芯的场输出采用 LA7837 集成电路，能完成场扫描电路的全部功能。小信号处理集成电路 LA7680 的第 32 脚场激励输出端子输出的脉冲，只作为 LA7837 内部场振荡电路的同步触发脉冲。场扫描电路出故障时，通过测量 LA7680 的 32 脚波形，就可判别故障出在 LA7680 还是 LA7837。LA7680 的 32 脚输出的脉冲LA7837 各测试点的波形如图 8-5 所示。

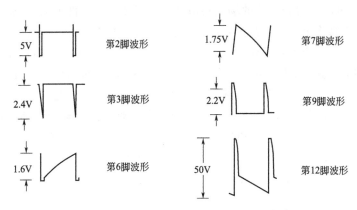

图 8-5　A3 机芯彩电场扫描电路关键测试点波形

8.1.4　行场同步分离电路波形

行场同步分离电路中主要检测的波形有复合同步信号、行同步信号和经积分电路后的场同步信号。从复合同步信号中提取场同步信号，一般采用积分电路。而复合同步信号经微分电路会使每一脉冲的前、后沿分别出现一个正、负脉冲，若再使其通过一半整流电路，即可取出前沿脉冲，再经过整形得到行同步脉冲，如图 8-6 所示。

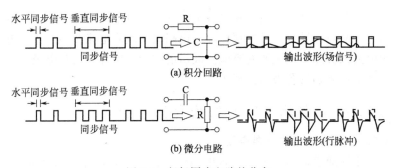

图 8-6　行场同步电路的分离

在 A3 机芯中，对行场振荡进行同步控制的行场同步信号，是由小信号处理集成电路 LA7680 第 33 脚同步分离输入端子送入的视频全电视信号产生的。全电视信号经内部的同步分离电路产生的复合同步信号分为两路，一路经积分电路取出场同步信号送入垂直

分频电路，对分频后的场振荡信号进行同步控制，再由 LA7680 的
第 32 脚输出。另一路作为基准信号送入鉴相电路，对行振荡信号进
行频率牵引和相位比较。行输出变压器 T471 的第 5 脚的行逆程脉冲，
经 RC 电路形成锯齿波比较信号，从 LA7680 的第 26 脚输入，与行同
步信号进行相位比较，控制水平振荡器的振荡频率，使之与发送端同
步。经同步控制后的行振荡脉冲，由第 27 脚输出送至行激励电路。
图 8-7 (a)、(b) 所示电路为 LA7680 的第 26 脚鉴相器比较信号输入端
子在有信号和无信号时的波形，图 8-7 (c) 所示为 LA7680 的第 33 脚
同步分离电路信号输入端子用行频档测得的波形。

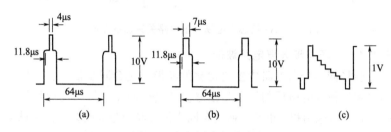

图 8-7　行场同步电路波形

8.1.5　电源电路

开关电源是为彩色电视机各部分提供直流电压的电路。电源电
路发生故障会导致彩色电视机部分电路失常或彩电完全不工作。电
源电路的波形检测主要有整流滤波后的波形，电源开关集电极、基
极和电源激励管各极的波形等。

8.2 伴音解调电路的结构和信号检测

8.2.1　伴音通道的主要电路

中频通道输出的第二伴音中频调频信号，必须经一系列放大、
解调处理后才能得到伴音信号，再经过扬声器转换成伴音。我们把
专门对伴音信号进行放大解调等处理的电路称为伴音通道。伴音通
道由伴音中频放大电路、限幅电路、鉴频电路、去加重电路和音频
放大电路组成，如图 8-8。

伴音通道的作用是从视频检波器输出的第二伴音中频信号先经

图 8-8　伴音通道的组成原理方框图

6.5MHz 带通滤波器滤去视频信号，然后被送至伴音中频限幅放大器进行中频放大，再经鉴频器解调出低频信号，后经音量控制电路控制送入低频放大器的信号大小。送入低频放大器的信号再进行放大后送入扬声器还原成伴音。

8.2.1.1　伴音分离电路

伴音分离电路的作用是从预视放输出信号中分离出 6.5MHz 第二伴音中频信号。由于视频全电视信号的高端为 6MHz，因此，电视机中通常采用陶瓷滤波器构成的带通滤波器来抑制视频信号并取出 6.5MHz 的伴音中频信号的。

8.2.1.2　伴音中频放大电路

在公共通道的中频放大器中，为减小伴音对图像的干扰，在放大图像中频信号时，需对伴音中频信号进行压缩，这样由预视放输出的中频信号幅度不能满足要求。因此，伴音中频信号要由伴音电路先进行足够的放大。

在集成电路构成的伴音中放通道中，伴音中放和限幅电路一般由三级差动放大器组成，第三级差动放大器具有限幅特性，能同时切除伴音中频信号正、负半轴上的寄生干扰，消除了由此可能产生的"峰音"。以图 8-9 所示的二极管限幅电路为例说明其原理。

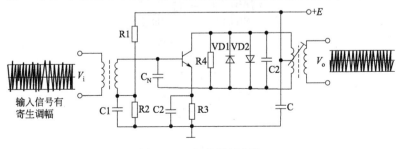

图 8-9　二极管限幅电路

该电路的特点是把两只特性相同的二极管 VD1、VD2 反向并联在中放管的 LC 调谐器回路上。当三极管的集电极输出信号达到二极管的导通电平时，二极管 VD1、VD2 就会交替导通，使得输出的正、负半波限制在 0.2V（VD1、VD2 为锗管）或 0.6V（VD1、VD2 为硅管）。

8.2.1.3 伴音鉴频电路

鉴频器的作用是从具有一定幅度的 6.5MHz 伴音中频信号中取出音频伴音信号。其工作过程是先把等幅的调频信号转换为幅度随频偏变化的调频-调幅信号，使其幅度的变化与频率变化成正比，如图 8-10 所示。鉴频器再用检波器检出其幅度的包络线，包络线就是伴音信号。

为了使其不失真地输出音频信号，鉴频器的非线性失真要小，频率响应要宽。对鉴频器的要求可用鉴频曲线反映，即鉴频曲线的

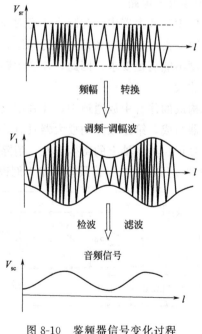

图 8-10 鉴频器信号变化过程

中心频率要准确，上下曲线要对称，线性要好，直线部分的通频带要大于 250kHz。

8.2.2 伴音电路的信号流程

常见遥控彩电伴音信号的流程是：从图像中频检波电路输出端输出的第二伴音中频信号，先经过伴音制式的识别与切换电路，变换成为一个固定频率的第二伴音中频信号，再经过伴音鉴频电路还原出伴音音频信号，然后送往 TV/AV 电路进行切换处理。如果伴音系统没有设计环绕声和超重低音等音效处理电路，TV/AV 输出的伴音音频信号便直接送往音量控制、音频功率放大等电路进行处理，最后送至扬声器，完成伴音电路的全部任务。

以 76810 机芯的伴音解调电路 LA76810 为例，如图 8-11 所示，其伴音功放是集成电路 TDA1013B。从 N201（LA76810）的㉕脚输出的伴音中频信号，经 R292、C260、C297 耦合到 N201 的㉘脚，经内部带通滤波器，伴音锁相环鉴频，限幅放大，解调出音频信号；同时，来自音频输入端子 A-IN 的音频信号通过 N201 内部的选择开关 K 由微处理器 I^2C 总线进行选择，再经音量控制后从 N201 的①脚输出音频信号。N201 的②脚外接 C235 为去加重电容，以适当减少发送端预加重时提升的高频成分。

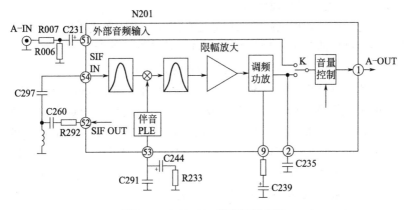

图 8-11　LA76810 伴音解调电路

8.3 视频、解码电路的功能和信号检测

　　一般各种型号的彩色电视机原理图上都标有许多关键点的波形，如彩条的全电视信号波形、色度信号和色同步信号波形、F_U和$\pm F_V$信号波形、色差信号和基色信号波形等。这些波形的幅值在不同的机型上略有差异，但其基本的形状以及达到基本形状后反映出的问题是一致的。检修时，可参考这些波形进行对比，可判断出相关电路的工作是否正常。

8.3.1　视频切换电路

　　AV/TV 切换电路常见故障是无图像、无伴音。首先应判断故障的可能部位。由于 AV/TV 视频切换电路的输入信号来自图像中频通道输入的视频信号或外界输入的视频信号、亮度信号、色差信号等，因此可用示波器来测量输入端有无正确的输入信号。若有正确的输入信号，可测量 AV/TV 切换电路的输出信号与输入信号是否一致；若没有输出信号或输出信号不正确，则应检查 AV/TV 切换电路本身，包括测量供电是否正常、CPU 控制切换的控制信号是否正常等。若经测量仍不能确定，可直接跳过 AV/TV 切换电路，可人为地为后级电路注入信号来判断故障所在电路。

8.3.2　亮度信号处理电路

　　亮度信号处理电路常见故障是有伴音、无图像或图像极暗。这是一种典型的丢失亮度信号的故障。对于有沙堡脉冲控制的彩电（如飞利浦机芯彩电），有可能是沙堡脉冲丢失。

　　此类故障检修时，先将亮度信号输入脚（如 AN5612 的①脚）的电压或信号波形，若无信号波形，说明亮度信号未送入亮度通道。若信号波形正常，再查亮度控制脚电压是否正常（如 M11 机芯中 AN5612 的④脚电压不应低于 7V），否则说明亮度控制电路（含 ABL 电路）有问题。若亮度控制脚电压也正常，说明有可能是亮度、色解码 IC 损坏或沙堡脉冲丢失。

　　亮度信号处理电路的常见故障还可能是有图像、有伴音但亮度失控。引起该故障的原因主要是对比度控制电路或亮度控制电路或

黑电平钳位电路出现故障。可将色饱和度置于最大，看是否有彩色，若没有，则有可能是行逆程脉冲未送至亮度、解码 IC 的行逆程脉冲输入脚，使亮度信号输出脚直流电位下降，导致画面亮度升高且失控。若有彩色，主要检查是否因对比度控制或亮度控制端电压过高而导致亮度过高。

此外，还可能导致图像清晰度下降，主要是因为清晰度补偿电路有问题；图像彩色镶边，主要是因为亮度延时线损坏或匹配电阻开路；亮度正常，但有满屏较稀的回归线故障一般是由于场逆程脉冲未加入视放电路所致。

8.3.3 色度信号处理电路

色度信号处理电路常见的故障是无彩色、色偏、色弱、色同步消失。检修时，可利用彩色彩条信号发生器，基本方法如下：

将彩条信号发生器的输出端连到彩色电视机的天线输入端，然后调整信号发生器使之产生 NTSC（或 PAL）制彩条信号，并将电视机的色度与色调旋钮调至中间位置，再用示波器检测电路中有关色度信号流程的各关键测试点。

如图 8-12 所示，色度通道检测应抓住以下几个关键点：

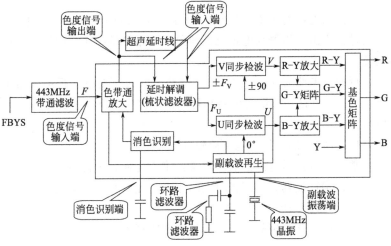

图 8-12　色度通道检测关键点

① 根据色度信号的传输路径，对色度信号进行跟踪检查；

② 色度通道的信号输入端和输出端是重要的电压测试点和波形观测点；

③ 副载波振荡端也是重要的电压和波形检测点；

④ 可以通过测量环路滤波端了解副载波再生电路的锁相情况；

⑤ 消色识别端的电压可以反映色度信号是否开启。当色度信号关闭时，可以向该端子人为加入高（低）电平打开色度通道，再根据打开色度通道之后的现象来判别故障范围。

8.4 扫描电路的信号检测

扫描电路分为行扫描电路和场扫描电路。其作用是产生扫描信号（电压波）分别加到显像管的行、场偏转线圈上，使偏转线圈中产生线性变化的电流（锯齿波），从而在显像管中的水平、垂直方向上都产生匀速变化磁场，使显像管阴极发射的电子束在磁场中匀速偏转，这个方法称为扫描。简单地说，电视图像就是通过不断地进行行场扫描而产生的。

8.4.1 行扫描电路

8.4.1.1 行扫描电路的组成

行扫描电路的主要作用是：①为行偏转线圈提供锯齿波电流；②通过行输出变压器为电视机其他单元电路提供高压、中压、低压电源。

行扫描电路主要包括行 AFC 电路、低通滤波器、行振荡器电路、行激励电路、行推动电路和行输出电路等，基本框图如图 8-13 所示。

8.4.1.2 常见的行扫描电路故障现象

常见的行扫描电路的故障现象：①无光栅；②行不同步；③图像变窄；④行失真；⑤图像时大时小；⑥光栅有垂直干扰条。

8.4.1.3 行扫描电路的关键检测点

行扫描电路出现故障时，常见的故障现象是三无，关键检测点如下。

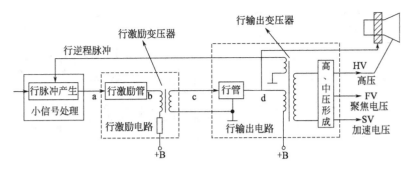

图 8-13　行扫描电路结构框图

① 检测 a 点有无行脉冲输出，若无行脉冲输出，说明小信号处理器内部的行脉冲产生电路有故障；若有行脉冲输出，可以肯定故障在行激励级或行输出级中。

② b 点是行激励管的集电极，其直流电压（一般在 10V 以上）应明显低于它供电的电源电压。若 b 点直流电压等于给它供电的电源电压，说明行激励管不工作；若 b 点直流电压等于 0V，说明行激励管供电存在故障。

③ c 点是行激励变压器的输出端，也是行管的基极。c 点的直流电压应为负值，可通过测量该点的电压值来判断行脉冲是否存在。

④ d 点是行管的集电极，该点的直流电压基本等于＋B 电压，同时有很高的 dB 脉冲值。可通过测量该点的直流电压判断行管的供电情况，还可通过测量该点的 dB 脉冲判断行输出电路是否工作。

8.4.2　场扫描电路

8.4.2.1　场扫描电路的组成

场扫描电路基本构成方框图如图 8-14 所示。场扫描电路主要包括场同步分离电路、场振荡电路、场锯齿波形成电路、场预推动级电路、场推动级电路、场输出级、场反馈电路、场幅控制电路、场线性电路、场偏转电路等。

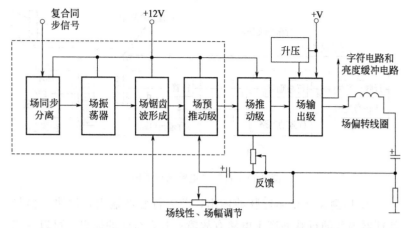

图 8-14　场扫描电路结构框图

场扫描电路的任务是为场偏转线圈提供锯齿波电流使电子束作上下移动而形成垂直光栅，同时还要为字符电路、亮度电路提供场逆程脉冲，为水平枕形校正电路提供场锯齿波；为扫描制式识别电路提供场逆程脉冲。对于高档次的大屏幕彩色电视机，为了获得线性良好的图像还设置南北（垂直）枕形校正电路。

8.4.2.2　常见的场扫描电路故障现象

场扫描电路发生故障时，现象比较明显，主要有：

①水平一条亮线；②场不同步；③场幅度、场线性不良；④画面出现回扫线；⑤光栅上满屏横条干扰。

8.4.2.3　场扫描电路的检修

检修时，彩色电视机通电工作，用示波器沿着场扫描信号的流程逐级进行，通过将测得的脉冲信号（包括周期、幅度、波形）与技术资料中波形比对可分析判别故障。需要注意的是：场扫描信号是以同步信号为基准的，同步信号失落必然引起场扫描信号和频率的失常，这时应检查同步分离电路工作是否正常，如无场同步信号，说明同步分离电路工作存在故障；若场扫描电路中各主要检测点的信号波形均正常，但图像仍为一条亮线，应检查场偏转线圈是否有故障。

场输出电路一般由一块独立的集成块担任，其作用是将场频锯齿波放大到足够功率，以驱动场偏转线圈工作，这里着重分析场输出电路的维修技巧。

场输出电路有两个关键点：一是场锯齿波输入端，在检修水平亮线故障时，用万用表 R×100 档干扰此端时，若屏幕上的水平亮线闪动，说明场输出电路正常，故障在小信号处理器中；若水平亮线不闪，则说明场输出电路有故障，有可能是场输出集成块损坏，也有可能是其外围元器件有问题。二是场锯齿波输出端，该端直流电压等于供电电压的一半左右，若该端的直流电压偏离正常值，说明场输出电路有故障。

图 8-15 为 TA8403 场输出电路故障寻迹图，可作为检修时的参考。

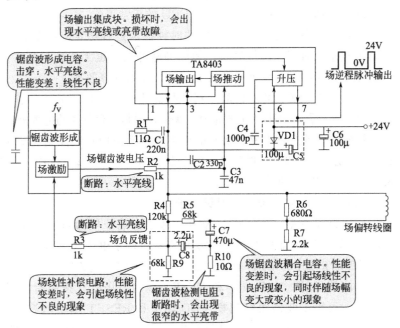

图 8-15　TA8403 场输出电路故障寻迹图

8.5 控制系统的信号检测

8.5.1 遥控系统控制电路的组成

遥控系统主要由微处理器（CPU）、存储器、红外接收器、本机键盘电路等组成。CPU 是遥控系统的核心电路，负责处理遥控指令和键盘控制指令，并控制机器完成相应的操作。CPU 的引脚数量一般在 42 脚以上。

熟悉控制系统电路的主要信号波形对于判别故障是非常有利的。如图 8-16 是 TCL-2116 彩电微处理器电路及信号波形，检测时可根据图中标注的主要信号进行参照和分析。

8.5.2 CPU 及相关电路各检测点的检测要点

CPU 的基本工作条件主要是电源（CPU 供电 VCC）、时钟（CPU 的时钟振荡电路）、复位（CPU 的复位电路）必须正常。随着新产品的电路变化，总线电路、键盘接口和其他辅助信号（如电视机的行、场逆程脉冲）也会影响 CPU 的正常工作。

用普通万用表无法判断 CPU 的时钟振荡是否建立，更无法测量时钟频率，对于总线信号及其他辅助脉冲信号也无法直观测量。为了缩短检修时间，借助于示波器可大大提高维修效率。

检测 CPU 和总线电路的故障基本点如图 8-17 所示。图 8-17 比较全面地反映了彩电 CPU 和其他电路的关系，但是一台具体的电视机不会包括框图中的全部电路。如有的电视机全部采用总线控制，没有 PWM 控制信号。再如，现在的单片机没有独立的字符振荡电路等。

8.5.2.1 CPU 关键点

（1）CPU 供电、复位及时钟端子

在检修遥控系统不工作故障时，这几个端子极为重要。如图 8-18 所示，VDD 端子是 CPU 的供电端，该端子电压要求为 +5V。

RESET 端子为 CPU 的复位端，主要由 VT1、VD1 等元器件组成。刚开机时，VDD 端子和 RESET 端的电压变化按照指数规律上升，可用示波器跟踪观察 VDD 端子和 RESET 端子的波形，如图 8-19 所示。在 +5V 上升过程中，VT1、VD1 皆处于截止状

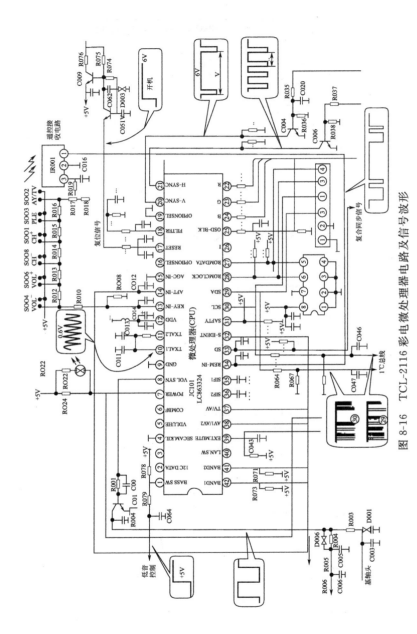

图 8-16 TCL-2116 彩电微处理器电路及信号波形

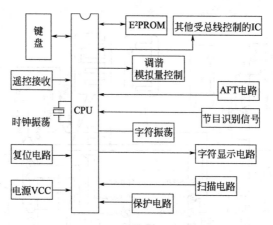

图 8-17　CPU 和其他电路之间的关系

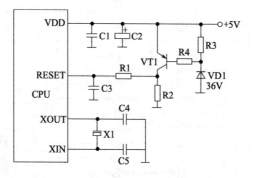

图 8- 18　CPU 供电、复位及时钟电路

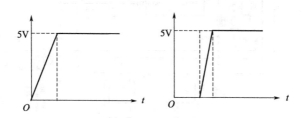

图 8-19　VDD 端子和 RESET 端子电压变化波形

态，微处理器的 RESET 端保持低电平，微处理器不工作。待 +5V 上升至稳定值时，VD1 导通，VT1 饱和，RESET 端跳变为高电平，复位结束，微处理器开始工作。由于复位电路的存在，可确保 CPU 在 +5V 电源上升的过程中，不会产生误动。

"XIN" 和 "XOUT" 是 CPU 的时钟振荡端子，外接时钟振荡网络，用示波器观察到的信号频率就是石英晶体上面的标称值。

大多数 CPU 的晶振，一端电压高（2V 以上），另一端电压低（零点几伏），用手指同时碰触晶振两脚，若测得高电压脚的电压明显变化，则说明 CPU 内部时钟振荡电路正常。

（2）行、场逆程脉冲输入端子

在检修无字符显示（其他均正常）的故障时，这两个端子是关键点，分别标有 "HSYNC"、"VSYNC" 字样，正常情况下，这两个端子均具有 $5V_{p-p}$ 的行、场逆程脉冲输入。

采用示波器来检测 CPU 行、场逆程脉冲输入端的电压，既直观又准确。测得的电压值接近 +5V 供电电压，但不会等于供电电压。

（3）电台识别端子

在检修自动搜索不存台时，机器显示蓝屏，且伴随自动关机现象，电台识别端子是关键检测点。该端子常标有 "SYNC IN" 或 "ID IN" 等字样，电台识别信号有两种类型。

一种是采用同步脉冲（视频信号中的同步头）来担任电台识别信号。当机器接收到节目时，就会有同步脉冲送至 CPU 的电台识别端子，CPU 检测到同步脉冲后，就会知道收到了节目；若 CPU 未检测到同步脉冲信号，就会做出无节目的判断，此时执行自动关机操作。电台识别信号可用示波器来检测，如图 8-20 所示。

另一种是采用高/低电平来识别电台识别信号。当机器接收到节目时，CPU 根据检测到的电台识别端子高电平（或低电平）做出有无节目的判断。

（4）AFT 电压输入端子

在检修自动搜索不存台或跑台故障时，AFT 电压输入端子是

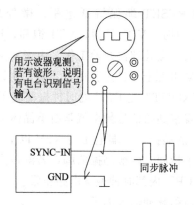

图 8-20　示波器检测电台识别信号

关键检测点。该端常标有"AFT IN"或"AFC IN"字样，CPU 通过检测 AFT 电压来识别精确的调谐点，当调谐最准确时，CPU 才发出存台指令。AFT 电压可用万用表直流档或示波器来检测，在自动搜索节目时，AFT 电压应大幅摆动。若不摆动或摆幅小，说明 AFT 电压不正常。在收看节目时，AFT 电压为 2.5V 左右，若偏离此值较多，说明 AFT 电压不正常。

（5）模拟量控制端子

在检修模拟量失控故障时，模拟量控制端子是关键检测点。模拟量控制端子包括音量控制端、亮度控制端、对比度控制端、色饱和度控制端等。不同的 CPU，其模拟量控制端的数量也不一样。通过测量模拟量控制端子的电压能否变化，便可区分故障部位。例如，在检修音量失控故障时，可在调节音量的同时，观察 CPU 音量控制端的电压变化，若 CPU 音量控制端的电压不能变化，说明故障在 CPU 内部；否则，说明故障在 CPU 外部。

（6）总线信号 SDA、SCL

所测的幅度的大小就是电源 VCC，如 CPU 为 5V 供电，SDA、SCL 波形幅度则为电压值 $5V_{p-p}$。

8.5.2.2　CPU 关键点的测试技巧

（1）检测 CPU 供电，不必费心寻找 VDD 脚，只需测量存储器

⑧脚电压，一般为 5V。但有的新型机为 3.3V，如 FM24C08 等。

（2）检测 CPU 复位信号，对于下复位（图标为＋5V），只需测量 VDD 与复位脚之间在开机或关机瞬间有无电压，有明显的电压波动即为正常；对于上复位（图标为 0V），测量复位脚与地之间在开机或关机瞬间有无电压，有则为正常。

（3）大多数 CPU 的晶振，一端电压高（2V 以上），另一端电压低（零点几伏），用手指同时碰触晶振两脚，若测得高电压脚的电压明显变化，则说明 CPU 内部时钟振荡电路正常。

（4）检测按键是否漏电，要断开按键外电路，测量开关两脚之间的电阻及与外壳之间的电阻，而不可直接焊开引脚测量，因为漏电的按键一加热可能就不漏电了，影响判断。

（5）CPU 总线端的电压也是关键点，总线电压为 0V 或 5V 不变化，说明 CPU 处于关机休眠状态或死机。总线电压很低，说明总线上的硬件存在故障。

（6）若测得（如 24C 系列）存储器的⑤、⑥脚电压随操作而波动，或测得 CPU 开/关机控制端、TV/AV、VT 端等处的电压随相应的操作而变，说明 CPU 是工作的。

（7）CPU 所需的字符定位信号也是关键点。行场脉冲有多种作用，是故障多发点，时常造成疑难故障，通常也作为关键点检测。判别的简单方法是：只需看其信号来路有无倒相三极管，因为行场脉冲在源头一般为正极性。

8.6 示波器在彩色电视机检修中的使用方法和技巧

8.6.1 示波器波形检测法

用示波器测量电压波形来检修电视机的方法称为波形检测法。通过分析故障现象，选择通道上有关的测试点进行波形测量，将测得的波形与电路图上该点的波形进行比对，就可判断该点以前的电路有无故障，该方法直观、准确、快捷。波形检测法主要用来检测视频检波之后的彩色全电视信号、亮度信号、色度和色同步信号、色差信号、音频信号、行场同步信号、行场振荡波形、遥控信号波形等。

（1）示波器即时测量法。即根据故障现象，随时测量某些关键点或延伸测量点的电压波形的方法。先将示波器探头的接地线夹在电视机的相应部位的"地"上，然后手执探头，沿着信号通路，灵活地对测试点进行检测。

（2）示波器监视测量法。对于不定期出现的故障，或者是在较长的时间才可能出现的故障，就要采用监视测量法。方法是将示波器探头固定在被怀疑的测量点上，进行长时间的测量。

（3）示波器感应测量法。对行输出变压器的高压波形，因电压过高不能直接测量，可将示波器 Y 轴衰减挡置于较大量程，用探头靠近行输出变压器外侧即可测得高压波形。

8.6.2 示波器在彩电检修中的使用方法及技巧

在彩电检修过程中，示波器是准确、快捷地检修彩电最有效的仪器之一，它可以有效地检修一些疑难故障。示波器在彩电检修中的有许多使用技巧，掌握这些技巧对于检修彩电有很大帮助。

8.6.2.1 巧用 GND（接地）开关

示波器上接地开关按下后，Y 轴系统入口端电位即变为零（对地），此时调整 Y 轴轴移旋钮（X 扫描开关置除 X 输入外的任意挡位），水平扫描移到某一位置，则此位置就代表零电位，该位置向上代表正位置，向下代表负电位，数值可通过 Y 衰减开关挡对应的测量算出。放开 GND 开关，观察屏幕上显示的波形，即可了解电路中该测试点直流电位随时间变化的情况。

8.6.2.2 巧用直流（DC）挡测量缓慢变化信号

对于缓慢变化信号的测量，应将示波器 AC/DC 开关置于 DC挡，选取适当的衰减测程挡和适当的零电位参考线。一般是最上一条或最小水平刻线，即可看到水平波形线上下缓慢移动。此种方法对测量直流电位变化缓慢的信号很有效，测低频（1kHz 以下）方波时，输入端隔直电容对波形形成有一定影响，也应使用 DC 挡。

8.6.2.3 巧用串联示波器探头测量行逆程高压脉冲

彩电行输出级的行逆程高压脉冲电压较高（约 1000V），而某些示波器不配备测这样高的挡位或不配备测逆程脉冲的探头。一般可将两个 10∶1 的衰减探头串联起来组成 100∶1 探头使用。同时，将两个探头衰减开关均置于 ×10 的位置，首尾相连，使用起来非常方便。

8.6.2.4　示波器与低频信号发生器的巧用配合

以光电耦合器为例，其作为信号隔离传输或隔离控制开关用，内部设有红外发光二极管和光敏三极管。在检测时可经限流电阻将发光二极管接到低压直流电源上，使发光二极管导通，将低频信号源加至光耦内部三极管集电极引脚上，此时示波器应出现被测试的信号，否则，说明光电耦合器有故障。

8.6.2.5　灵活变换示波器交、直流耦合方式

彩电中有一些测试点，其波形的直流分量可能作为下一级电路的偏置电压，其值正常与否反映本电路的工作是否正常。所以，对于这些测试点，不仅波形要正确，必要时还要测量其直流分量，判断其直流分量是否正确。有时直流分量不正常时波形本身就不正常，因而测试中有必要灵活变换示波器的交、直流耦合方式来观察。

8.7 异常波形与故障的检修

电视机有故障时波形的变异是千差万别，但仍有一些规律可循，通过分析变异波形，找出故障部位。

8.7.1　无波形

这种情况反映出信号没有送到检测点，可能是电路存在开路故障，也可能是检测点与地之间有短路的地方。如长虹 A2116 型电视机，行扫描电路有故障造成无光栅，其扫描电路的组成框图如图 8-21 所示。

用示波器检测 V431 b 极、c 极信号波形，分别如图 8-22（a）、（b）所示。V432 b 极信号波形如图 8-22（c）所示。V432 c 极无信号波形。说明集成电路行振荡正常，行推动电路正常，信号在行输出级中断，故障在行输出。经检查确定行输出管 V432 发射结（b-e）开路，更换后正常。

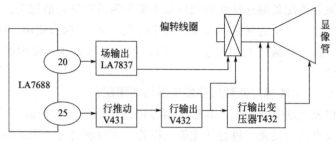

图 8-21 长虹 A2116 型电视机扫描电路

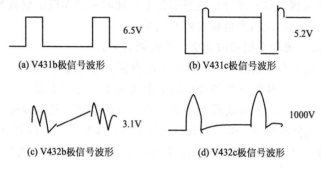

(a) V431b极信号波形   (b) V431c极信号波形

(c) V432b极信号波形   (d) V432c极信号波形

图 8-22 长虹 A2116 型电视机扫描电路信号波形

8.7.2 波形幅度偏差过大

这种情况反映出电路工作不正常，例如耦合电容变值，馈送信号支路电阻增大，一般会使波形幅度衰减很多，放大器工作点变化，也会引起波形幅度变化。

8.7.3 波形中有附带杂波

一台电视机故障"三无"，经检查行输出管损坏，更换行输出管后，开机半个小时，又出现同样故障。二次损坏行管肯定有隐蔽性故障。仔细检查电源电压＋113V，行输出电流 360mA，测得行输出变压器次级视放级供电198V，均正常，用手摸行输出管很烫，说明功耗很大，工作时间一长把行输出管击穿。改用示波器测量行输出管集电极行逆程脉冲异常，经检查发现行输出管基极串联的一个电阻虚焊。补焊后，恢复正常。

8.7.4 波形形状发生畸变

该故障常常由电容变值、电感开路、放大器工作失常引起的。例如一台电视机，屏幕顶端无图像，接下去有 2cm 宽的压缩图像，下面是稀疏的横亮线。经分析检查，场线性严重失真，故障应在锯齿波形成电路、场负反馈电路。经查负反馈电容 C307 开路，换新后，故障排除。

8.7.5 波形频率偏移或脉冲宽度失常

振荡电路中，定时电容容量变小，会使振荡频率偏高。如彩电开关电源，脉宽调整电路定时电容容量变小，开关管基极和集电极波形频率变高，幅度变小。

8.7.6 正常波形上迭加振荡波

这表明电路存在寄生阻尼振荡，在电源和行扫描电路较为常见。寄生振荡的频率较高，容易由电路辐射出去，再由通道接受形成干扰。

8.7.7 波形倒转

这时的波形与正常波形相位相反，正脉冲变成了负脉冲，而负脉冲变成了正脉冲，大多有放大器工作失常造成的。

8.8 示波器检修彩电故障实例

维修实例 1

故障现象： 一台东芝 2929KTP 彩电，图像及伴音均正常，但画面出现周期性的跳动。

故障分析与检修：

画面出现跳动，首先怀疑故障是由某个元件打火所致，但经仔细观察，未发现跳火现象，故判断故障是在场振荡或场输出电路上。用示波器测量 Q301（TA8427K）②脚的波形，发现波形也跟着画面变化。继续测量 Q302（TA8859）⑬脚的波形，发现也会跟着变化，而电阻 R320 另一端（因一端与 Q302 的⑬脚连接）的波形不会跟着变化。怀疑 D304 损坏。更换 D304 后，故障排除。

维修实例 2

故障现象：一台长虹 CN-12 机芯彩电，有图像，无伴音。

故障分析与检修：

首先检查喇叭好坏，继而用示波器测量 N101（LA76810）的①脚有没有音频输出信号，在排除以上故障的情况下，断开 N101 的①脚与 R190B 的连线，断开 R181 切断静音控制，将信号源的正弦波 1 kHz 注入到 R190B 上，同时将示波器的探头连接在 N181（LA4267）的⑦脚上。此时检测不到放大了的正弦波信号，由此判断 N181 损坏。换新后，故障排除。

维修实例 3

故障现象：一台松下 2185 彩电，屏幕呈水平一条亮线。

故障分析与检修：

该机场扫描电路采用了 AN5610 和 AN5521 两块集成电路，先通过关键点来确定是前级还是后级的问题，先用镊子触及一下 IC401 AN5521，这时光栅有抖动，这时可以检测前级 IC601 AN5610 ㉛脚，用示波器检查其场脉冲输出波形正常，而 IC401④脚无波形输入，经查其回路电阻 R402 电阻虚焊，补焊后开机正常，故障排除。

维修实例 4

故障现象：一台长虹 R2916N 彩电，屏幕呈一条水平亮线。

故障分析与检修：

该机采用了松下 AN5534 场扫描集成电路，经查该电路前置供电脚①和场输出供电脚⑦、⑪的电压均正常，同时检测场输出端⑩脚电压基本正常，可以判断场输出级正常，再用干扰法触及场输入脚②，亮线有轻微变化，然后用示波器观察该点波形正常，这时把重点放在场输出负反馈回路，在路检测该回路中的电阻，发现 R312 阻值变大，断开测量为开路，更换电阻后开机正常，故障排除。

维修实例5

故障现象： 一台康佳 T3498 型彩电接收 PAL-D 信号无彩色。

故障分析与检修：

无彩色故障一般在色副载波振荡器锁相环滤波电路。首先测量 TDA9143 ㉙脚、㉚脚电压分别为 3.5V、2.2V，正常。用示波器观察㉚脚无 4.43MHz 振荡波形，①、②脚无 R-Y、B-Y 波形。检查㉚脚无 4.43MHz 振荡波形，检查㉙、㉚脚外围元件，发现㉙脚外接短路，使色副载波振荡器锁相环滤波电路时间常数改变，导致色副载波振荡器不振荡，色度信号不能解调，造成无彩色故障。

维修实例6

故障现象： 一台 TCL-2998 型彩电无彩色。

故障分析与检修：

首先检查制式切换电路，用 NTSC 制录像带作信号源为彩电输入视频信号，发现彩色不正常，所以应重点检查色选通脉冲形成电路。该机 TDA4555 的⑮脚为色度信号输入端，⑳脚为取样脉冲信号输出端，TDA8305 的㉗脚为行逆程脉冲输入端。用示波器测 TDA4555 的⑮脚无色度信号输入，由此可判断行逆程脉冲通路有问题，因为只有当行逆程脉冲正常时，色同步选通脉冲信号才能正常工作。检查 ZD401、R437、D415、D411、C434 等相关元件，发现电阻 R437 开路。更换 R437 后，故障排除。

维修实例7

故障现象： 一台长虹 C-2988 型彩电无彩色。

故障分析与检修：

首先使用 AV 端子输入彩色信号，若电视图像仍无彩色，故障可能出在色度信号处理电路中。测量 TA7698AP ⑫脚电压为 8.5V，低于正常电压值 9.2V，说明消色电路工作不正常；⑦脚电压为 6V 正常，用示波器观察⑧脚电压和波形均正常，但⑰脚波形

幅度减小并失真；检查 C510、R506，发现 R506 开路。更换 R506
后，故障排除。

维修实例8

故障现象： 一台海信 TC-2980 彩电彩色时有时无。

故障分析与检修：

测量 N201（OM8361）和 N202（TDA4665）相关脚电压均正常；
用示波器测量 N202⑪、⑫脚无色差信号输出；⑭、⑯脚输入信号正
常；测量 N202①脚电压在 2～4V 之间变化；检查外围元器件 C227、
C228、VD204，发现 VD204 漏电。更换 VD204 后，故障排除。

维修实例9

故障现象： 一台海信 TC2961A 型彩电彩色爬行。

故障分析与检修：

此故障说明色解码电路工作不正常。首先测量 N271
（LC89950）一行基带延迟块的供电电压正常；再用示波器测⑪脚
沙堡脉冲输入信号正常；然后检查 N271 外围元器件，发现
（0.1μF）电容失效。更换 C276 后，故障排除。

维修实例10

故障现象： 一台康佳 T3498 型彩电开机电源指示灯亮，伴音
正常但无光栅。

故障分析与检修：

重点检查行扫描电路，该机的相关行扫描相关电路如图 8-23
所示。测第二行激励级 VT402 的 c 极电压为 0.25V，正常应为
55V。再测第一激励级 VT405 的 b 极电压几乎为 0V，正常应为
0.4V，说明行激励信号没有送至 VT405，检查扫描处理器
TDA9151B。测行激励信号输出端⑳脚电压为 0.9V，正常应为
0.3V，用示波器观察该脚无波形输出，正常时波形峰-峰值为
0.4V 的矩形倍行频脉冲。测其供电脚⑯脚电压为 6.0V，正常应为

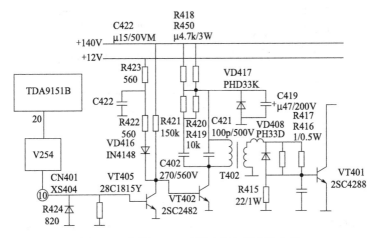

图 8-23 康佳 T3498 型彩电行扫描相关电路

8.1V，试断开⑯脚，测其外部电容 C256 上电压为正常的 0.1V，由此可判断 TDA9151B 损坏。更换 TDA9151B 后，故障排除。

维修实例11

故障现象：一台 TCL9328 型彩电收看时无图像无伴音，但自动搜索时频段显示正常；接收 TV 信号时，图声均正常。

故障分析与检修：

根据故障现象分析，怀疑中频输入前级电路不良。首先在路检测中放管及声表面波滤波器或相关的元件均正常。通电从声表面波滤波器的输入端注入感应信号，同时观察屏幕有正常的干扰信号，说明故障出在高频头与调谐电压形成电路中。用示波器观察高频头 TUNER 的 IF 输出端波形正常，再用万用表测高频头调谐器 12V 电压及 BL、BH、BU 端在自选节目时转换电压均正常，但 VT 端在选台时电压为 0V 不变，正常应在 0V～32V～0V 之间不断扫描变化。相关线路如图 8-24 所示。检查上述电路，测 CPU 的①脚有正常的模拟脉冲信号输出，同时发现 33V 调谐电压正常。经查为 VT601 的 c、e 极间击穿短路。更换 VT601 后，故障排除。

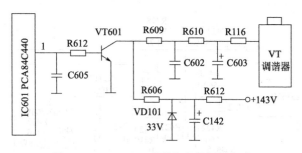

图 8-24　TCL9328 型彩电高频调谐电路

维修实例12

故障现象： 一台海信 TC-2579 型彩电开机后蓝背景异常，屏幕中部出现颗粒很大的雪花，AV 蓝背景正常。

故障分析与检修：

根据故障现象分析，问题可能在微处理控制电路及沙堡脉冲信号通道，电路如图 8-25 所示。检查微处理控制电路、高、中频电路均无异常，怀疑沙堡脉冲信号异常。将微处理器 TDA8361⑬脚短路接地，雪花消失，蓝背景基本正常，但是在原雪花区域的两侧

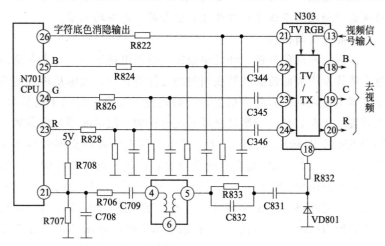

图 8-25　微处理控制电路及沙堡脉冲信号通道

出现不太明显的分界线，感觉和沙堡脉冲的形状差不多。沙堡脉冲也是以行为单位，而且其形状是中间为幅度很高的尖峰、两侧各有一个平台。用示波器测量 TDA8361 ㉟脚，无沙堡脉冲信号波形。仔细检查外围元件，发现二极管 VD801 内部不良。

故障排除：更换 VD801 后，机器工作恢复正常。

维修实例13

故障现象： 一台海信 TRIDENT 高清彩电自动搜台不记忆。

故障分析与检修：

自动搜索过程中，所有频道一闪而过，不存台，说明 CPU 没有收到识别信号。该机的信号识别设计在数字板上，如图 8-26 所示。全电视信号从 U1 ⑬⑨脚输出后，经三极管 VT2～VT6 及其外围元件组成的电路处理后，产生电台识别信号，送入 CPU ㉕脚。用示波器对该电路进行测量，发现 VT2、VT3、VT5 各极电压正常，而 VT4 基极波形消失。仔细检查 VT4 基极相连的元件，发现 C158 开路。用一只 100nF 电容换上后，通电试机，自动搜索恢复正常，故障排除。

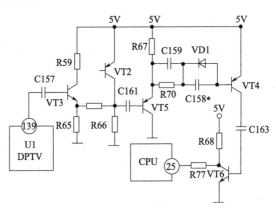

图 8-26　海信 TRIDENT 高清彩电信号识别电路

第9章 用示波器检修彩显

9.1 彩显的整机组成

以 AOC D556N 彩色显示器为例，介绍其整机电路组成。从图9-1看出，AOC D556N 彩色显示器主要由行场小信号集成电路 IC401（TDA4853）、场输出集成电路 IC601（TDA4866）、微处理器 IC101（NT68P62）、存储器 IC102（ST24W04）、视频信号处理电路 IC801（LM1279N）和开关电源控制电路 IC901（UC3842）等构成。

AOC D556N 彩色显示器兼容 VGA、SVGA、VESA，行频为

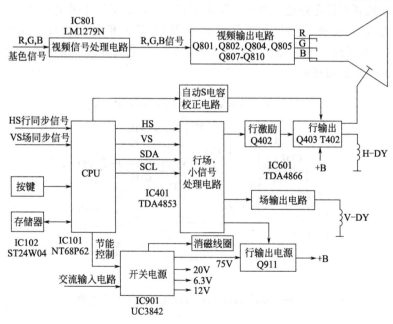

图 9-1　AOC D556N 彩色显示器整机电路组成

30～45kHz，场频为 50～120Hz，电源工作于 100～240V，50/60Hz，提供智能的省电功能。

9.1.1 开关电源电路

AOC D556N 彩色显示器的开关电源电路是以 UC3842（8 脚单端 PWM 控制芯片）为核心构成的，UC3842 内部结构电路如图 9-2 所示。主要由基准电压发生器、欠压保护电路、振荡器、PWM 闭锁保护、推挽放大电路、误差放大电路和电流比较器等组成。

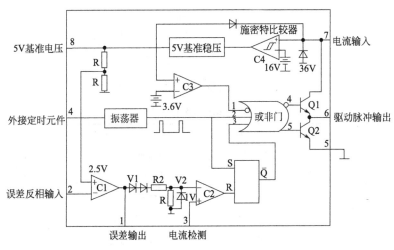

图 9-2　UC3842 内部结构电路

6 脚驱动脉冲的产生过程是：当 8 脚输出 5V 电压后，5V 电压经 R940、C924、R942 形成回路对 C924 充电，当 C924 充电到一定值时，C924 就通过 UC3842 迅速放电。一是在 UC3842 的 4 脚产生锯齿波电压，保证 UC3842 工作在自由振荡状态，二是控制 UC3842 内部振荡器输出脉宽很窄的矩形正脉冲，其对应关系如图 9-3 所示。

9.1.2 行扫描电路

行扫描电路由 IC401（TDA4853）内的行振荡电路、双 PLL 锁相环电路和行激励电路、行输出电路构成。TDA4853 的引脚功能如表 9-1 所示。

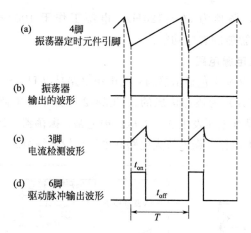

(a) 4脚
振荡器定时元件引脚

(b) 振荡器
输出的波形

(c) 3脚
电流检测波形

(d) 6脚
驱动脉冲输出波形

t_{on}

t_{off}

T

图 9-3　电源电路主要波形和对应关系

表 9-1　TDA4853 的引脚功能

引脚号	引脚名称	引脚功能
1	HFLB	行逆程脉冲输入
2	XRAY	X 射线保护输入
3	BOP	＋B 控制放大器输出
4	BSENS	＋B 控制比较器输入
5	BIN	＋B 控制放大器输入
6	BDRV	＋B 控制驱动输出
7	PGND	功率电路地线
8	HDRV	行激励输出
9	XSEL	X 射线保护复位选择输入
10	VCC	电源
11	EWDRV	左右枕校输出
12	VOUT2	场输出 2(上升场锯齿波)
13	VOUT1	场输出 2(下降场锯齿波)
14	VSYNC	场同步输入
15	HSYNC	行同步/复合同步信号输入

引脚号	引脚名称	引脚功能
16	CLBL	视频钳位脉冲/场消隐信号输出
17	HUNLOCK	行同步失锁/保护/场消隐输出
18	SCL	I^2C 总线时钟信号线
19	SDA	I^2C 总线数据信号线
20	ASCOR	左右枕校不平衡校正信号输出
21	VSMOD	高压变动引起的场幅变化补偿输入
22	VAGC	场幅控制外接电容器
23	VREF	场振荡器外接电阻器
24	VCAP	场振荡器外接电容器
25	SGND	信号电路地线
26	HPLL1	PLL1 外接滤波器
27	HBUF	频率/电压转换电压缓冲输出
28	HREF	行振荡器基准电流
29	HCAP	行振荡器外接电容器
30	HPLL2	PLL2 外接滤波器/软启动
31	HSMOD	高压变动引起的行幅变化补偿输入
32	I,C	内部连接

（1）行振荡电路

由主电源电路提供的受控 12V 经 R411、C411 滤波获得 11.5V 左右电压，该电压加至 IC401 的 10 脚（供电端），使 TDA4853 开始工作。TDA4853 的 28 脚、29 脚内的行振荡器产生振荡，在 29 脚上获得行锯齿波脉冲。

微处理器 IC101 的 33 脚输出的行同步信号 HS 送到 TDA4853 的 15 脚，15 脚输入的同步信号经输入/极性校正电路后，分两路输出：一路送到视频钳位/场消隐信号形成电路，另一路送到 PLL 环路。

（2）行激励和行输出电路

IC401 的 8 脚输出的行驱动脉冲经 R422、C413、R423 加至

Q402（场效应行推动管）的栅极 G，其漏极 D 上的波形为矩形波，使矩形波经行推动变压器 T401 耦合，使 Q403（行输出管）工作在周期性开关状态。

（3）延伸性失真和自动 S 电容切换电路

该机是多频扫描显示器，采用固定的 S 校正电容无法校正不同行频时产生的延伸性失真。因此，该机设置了自动 S 电容切换电路，电路中 C425、C427、C428 为 S 校正电容，来形成行偏转电流。C427、C428 是否接入电路，由微处理器 IC101 的 28 脚、29 脚输出的电平进行控制。

（4）对称性失真校正电路

对称性水平几何失真包括枕形失真、梯形失真、角部对称失真等。这些失真相对于光栅中心是对称的。这些失真校正信号在 TDA4853 内部产生，并通过 11 脚输出，失真的校正可通过 I^2C 总线来控制。

（5）行幅控制电路

该机行幅调整采用了 3 种形式：行幅手动调整、高压变化引起行幅变化自动调整和行频变化引起行幅变化自动调整。

9.1.3 场扫描电路

场扫描电路由 IC401（TDA4853）内部振荡器、锯齿波形成电路和场输出电路 IC601（TDA4866）及其相关元件组成，如图 9-4。

（1）场扫描小信号处理电路

TDA4853 工作后，TDA4853 的 23 脚、24 脚内的场振荡器与其外接的 R606、C604 进行充、放电，在 C604 上产生锯齿波脉冲。C603 为场振荡 AGC 外接电容器，可自动控制 C604 两端锯齿波的幅度，以免受场频变化的影响。

TDA4853 的 14 脚输入的场同步信号，经同步信号输入和极性选择电路后，送到场振荡器电路，控制场振荡器产生的振荡频率与微型计算机输出的同步信号频率同步。该机型的场频变化范围较大，为实现在不同场频下的场同步，由 TDA4853 内部自动完成。

当显示模式变化导致场频变化时，12、13 脚输出信号的幅度

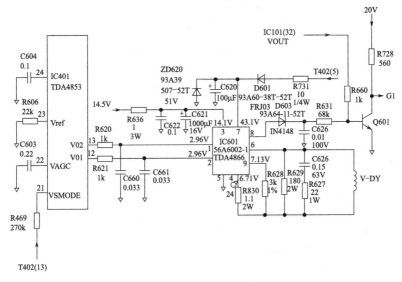

图 9-4 场扫描电路

能够自动控制，保持基本恒定。用户可通过按键，对 12、13 脚输出电流的幅度进行调整，即调整场幅。

TDA4853 的 21 脚为高压变动引起场幅变化补偿输入脚。

（2）场输出电路

场输出电路采用 TDA4866 为核心构成的 BTL 型（平衡式无输出变压器）场输出电路。其内部结构如图 9-5 所示。

引脚 1 为正向激励电流输入端，2 脚为反向激励电流输入端，3 脚为低电压供电端，4 脚为输出电压 B，5 脚为接地端，6 脚为输出电压 A，7 脚为场逆程供电端，8 脚为场逆程脉冲和保护信号输出端，9 脚为反馈电压输入端。

TDA4866 具有保护输出功能，当场输出电路发生故障时，如场输出电路过热导致过热保护、场输出负反馈电压超出正常范围等，TDA4866 的内部保护电路通过第 8 脚输出高电平的保护信号（矩形脉冲）经 Q601 送至显像管栅极，来达到保护的目的。另外，在场扫描逆程期间，8 脚输出的也为高电平，主要用于场消隐。

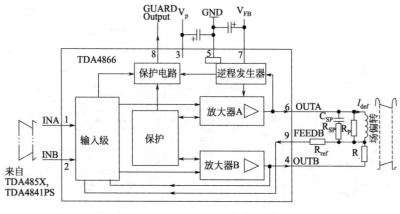

图 9-5　TDA4866 内部电路图

9.1.4　视频处理电路

（1）前置放大电路

前置放大电路以 LM1279N 为核心构成，LM1279N 内部电路如图 9-6 所示。计算机主机输出的 R、G、B 三路模拟信号经连接器分别输入到 LM1279N 的 3 脚、5 脚和 8 脚，再经 LM1279N 放大后，R、G、B 信号（幅度为 3～4V）由 18、15、13 脚输出。

（2）视频输出电路

对于视频输出电路，除要求具有较高的放大能力以外，还应具有 100MHz 以上的带宽，以保证图像的清晰度不受影响。该机型视频输出电路由分立元件组成的三组共射-共基宽频带放大器构成。为了改善末级视放的高频特性，保证足够的带宽，在三个放大器的射极电阻上，并联有高频补偿电路。

从 LM1279N 的 18、15、13 脚输出的 R、G、B 信号，经过视频输出电路进行放大后，输出幅度约为 60V。

（3）行、场消隐电路

行消隐电路：由行输出变压器 T402 第 5 脚产生的行逆程脉冲经 C709/R727 耦合，再经 Q707 倒相放大，获得负极性的与行逆

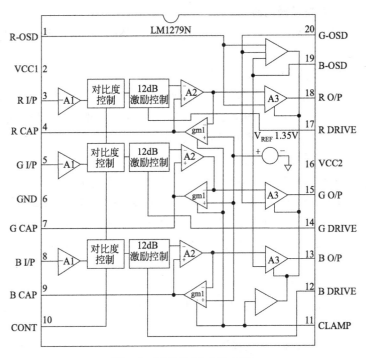

图 9-6　LM1279N 内部电路

程脉冲对应的场消隐脉冲。由 C707 耦合到栅极 G1，行消隐脉冲叠加到显像管 G1 极期间，消隐掉行回归线。

场消隐电路：由场输出集成电路 IC601（TDA4866）第 8 脚输出的场逆程脉冲经 D603 限幅，再经 R631 限流后，送到 Q601 的基极 b。同时，微处理器 IC101 第 32 脚输出的场同步信号经 R660 限流后，也送到 Q601 的基极 b。送到 Q601 的基极 b 的脉冲电压经倒相放大，获得负极性与场逆程脉冲对应的场消隐脉冲，由 C707 耦合到栅极 G1，在场消隐期间，使得加至显像管 G1 极的电压降低，使屏幕亮度下降来消除场回归线。

此外，视频处理电路还包括白平衡调整电路、对比度和 ABL 控制电路、亮度控制和消隐点电路以及视频降噪电路等，这里不再详细介绍。

9.1.5 微处理器电路

微处理器电路主要以微处理器（NT68P62）和存储器 IC102（ST24W04）构成。

（1）微处理器的工作条件

CPU 电路正常工作的基本条件有三个，一是供电电压正常；二是与有正常的时钟振荡信号；三是开机时需有正常的复位信号。

（2）同步信号处理和模式识别电路

主机显示卡送来的行场同步信号经 IC104（74LS14）缓冲后，送至微处理器的 39、40 脚，IC101 根据输入行场同步脉冲来识别当前的显示模式，并从 IC101 的 33、32 脚输出转换极性后的行场同步信号，送至行场扫描芯片 TDA4853 的 15、14 脚，同时，IC101 通过 I^2C 总线、模拟量和开关量控制电路，来实现对整机控制。

（3）开关量控制电路

开关量控制电路主要有 12 脚、14 脚、28 脚、29 脚、30 脚、34 脚等。

（4）模拟量控制电路

IC101 的 2、3 脚为模拟量控制输出端，分别为亮度控制和对比度控制端。

（5）I^2C 总线控制电路

NT68P62 的 I^2C 总线包括 4 个引脚：25 脚（SCL）、24 脚（SDA）专门用来与计算机主机显示卡进行数据交换；9 脚（SCL）、10 脚（SDA）用来控制行场扫描芯片 TDA4853，并对 ST24W04 写入和读取数据。

9.2 彩显电路的信号类型和维修特点

9.2.1 掌握测试关键点

（1）充分利用图纸上标注的测试点

彩显的电路图上都标明了测试点和正常波形，几乎遍及了电路各个部分，这是彩显检修的重要依据。如怀疑某集成电路失常，可对它进行静态测量、动态测量。测量后根据测量结果对照图纸和资料上提供的正确参数即可发现故障线索。

（2）依据图纸测试点，延伸和扩大检测范围

原理图上标注的波形有限，不可能把所有点的波形绘出。检修时要充分分析电路原理，顺着信号流程，扩大检测范围。需注意的是，在以耦合信号为主的电路中信号波形仅有幅度变化，而当信号通过积分电路、微分电路、限幅电路等处理后，波形会有形状变化。

（3）积累波形资料

从正常彩显上实际测取图纸上没有标注的波形，绘出波形的形状，标出波形的频率、幅值、注明测量的机型、测试点，可以作为以后检修中的参考资料。

9.2.2 彩显的信号类型

彩显是计算机的主要外设，正常工作时，主要存在以下几种信号：

（1）I^2C 总线数据和时钟信号

此类信号为数字信号，主要存在于总线控制的彩显电路中。I^2C 总线上传输的数据是非周期信号，波形呈现脉冲状。使用示波器可以观测 I^2C 总线波形的有无和波形幅度。

（2）时钟信号

这里的时钟信号是指模拟信号，时钟信号是 CPU 工作的基本条件之一。用数字示波器观察时钟信号非常方便直观，当频率小于 3MHz 时，波形一般为矩形波；当频率介于 5～10MHz 时，波形一般近似为三角波；当频率大于 10MHz 时，其波形一般近似为正弦波。用示波器也可近似推算出振荡频率。

（3）行、场同步信号

彩显的行、场同步信号很多，既有正极性也有负极性。不同类型的彩显，其行、场同步信号的作用也不尽相同，要根据不同的电路具体分析。利用示波器可以十分方便地观察行、场同步信号波形，其幅度一般为 5V。

（4）开关信号

彩显开关信号有两种：一种是只有两种状态开关信号，即彩显

工作在一种状态下时为高电平，工作在另外一种状态下时为低电平；另一种是控制后续电路工作在开关状态的开关信号，其波形为周期性的高低电平信号。需要注意的是，开关信号随着其信号的频率也会发生变化。

（5）脉宽调制信号

彩显中脉宽调制信号较多，波形一般为矩形波，脉宽占空比不同，经过外电路滤波后的电压也不同，可以使用示波器测量。需要注意的是，彩显工作状态的不同，脉宽调制信号的脉宽也会发生变化。

（6）行、场扫描电路模拟信号

行、场扫描电路是彩显故障的多发区，可以借助万用表和示波器配合使用检测关键点的信号波形，如行、场逆程脉冲信号，行、场振荡信号，行、场输出信号，枕形失真校正信号等，均可使用示波器方便地观察。

（7）模拟视频信号

模拟视频信号主要是指 R、G、B 三基色信号，主机显卡送入的模拟三基色信号一般为 0.7V，经视频信号处理后，其幅度较大，再经视频输出电路放大后三基色信号一般在 40～60V。

9.2.3 彩显的关键点波形

下面以应用较为典型的厦华 15Z3 数控彩显为例，介绍行场扫

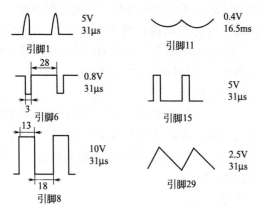

图 9-7 TDA4853 行扫描主要引脚信号波形（640×480 模式）

描电路、视频处理电路和显像管附属电路的关键点波形。

（1）行扫描电路关键点波形

行扫描电路检测的波形主要有行场扫描芯片 TDA4853 行扫描主要引脚波形、行输出电路关键点波形、二次电源关键点波形以及枕形失真校正电路关键波形。图 9-7 为 TDA4853 行扫描主要引脚信号波形，图 9-8 为行输出电路关键点波形，图 9-9 二次电源关键点波形，图 9-10 为枕形失真校正电路关键点波形。

（2）场扫描电路关键点波形

行、场扫描处理电路 TDA4853 场扫描主要引脚波形如图 9-11所示。场输出电路 TDA4866 主要引脚波形如图 9-12 所示。

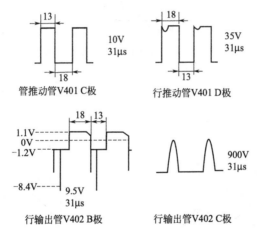

图 9-8　行输出电路关键点波形（640×480 模式）

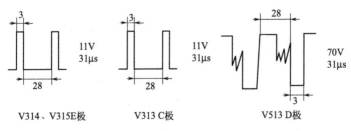

图 9-9　二次电源关键点波形（640×480 模式）

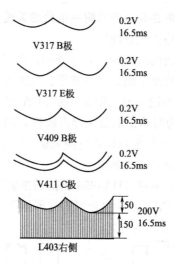

图 9-10 枕形失真校正电路关键点波形

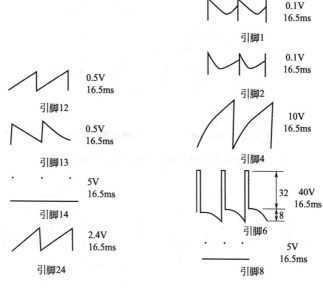

图 9-11 TDA4853 场扫描主要
引脚信号波形（640×480 模式）

图 9-12 场输出电路 TDA4866 主要
引脚波形（640×480 模式）

（3）视频处理电路和显像管附属电路关键点波形

图 9-13 是厦华 15Z3 数控彩显视频处理电路在输入 5 色彩条信号时测得的关键点信号波形。

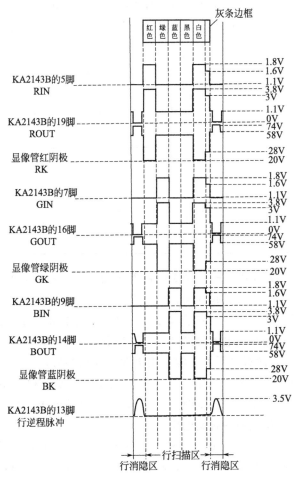

图 9-13　厦华 15Z3 数控彩显视频处理电路关键点波形

9.2.4　彩显维修与彩电维修的区别

实践中，往往有些人会修彩电，但不一定能熟练地维修彩显，这是因为它们之间还有不少重要区别。以 SVGA 多频彩色显示器为例，说明和彩电维修的区别，从而掌握它们的维修方法。

彩显的显示模式功能其内容含分辨率、图形、字符显示及显示颜色数等，因为和彩显工作状态直接有关的是分辨率，所以仅从工作状态来看，彩显模式就是显示分辨率。彩显在显示不同图文时要求分辨率不同，我们可通过调整行、场频率及其极性等来实现这个要求。

表 9-2　彩显分辨率与行、场频脉冲极性、＋B 的关系

分辨率	场频/Hz	行频/kHz	行管供电电压(＋B)/V	行同步脉冲极性	场同步脉冲极性
640×480	75	37.48	76.5	负	负
800×600	75	46.88	97.0	正	正
800×600	85	53.60	112.5	正	正
1024×768	75	59.90	129.6	正	正
1024×768	85	68.60	152.7	正	正
1280×1024	60	63.90	139.2	正	正

从表 9-2 可知，只有改变行频等才能改变显示模式的分辨率，而行频变化，势必引起行幅、亮度等一系列参数的变化。

彩显的维修与彩电的维修有所不同，需关注以下四个方面：

（1）彩电开关电源输出电压一般是不变化的（新型双频、多频彩电例外），而彩显开关电源（主电源）除供给灯丝、通道及场输出供电电压不变外，供给二次电源等电压都随显示模式不同而改变，主电源根据＋B（二次电源中行输出管电源电压）来调整主电源供给行输出电路的直流电压。

（2）彩显二次电源在彩显模式变换中分担着主电源很重的任务，且电路较复杂，所以它是彩显故障多发部位。为使其故障率下降，新型彩显中把二次电源提供的高压及大电流电路部分加以分开，如惠普 D2825 型及联想 XH-1569 型机中，由开关管 Q333 及 Q314 各组成的电路提供高压及行偏转线圈的电流。

（3）考虑到场频范围很宽，（50~160Hz）为适应各种模式下

场都能同步，彩显增加了场同步自动调节电路，为使场频率变化，场幅恒定，又增加了场幅自动调整电路，如：IBM0180-05N 型机（IC401）就有此功能。另外，高压变化也会引起场幅及场线性变化，所以还设置高压变动场幅自动调整等电路。

（4）维修彩显时测得的各种状态电压、波形，也因模式、联机或未联机等状态不同而有所不同。

9.3 用示波器修彩显

电脑彩色显示器中有很多单元电路，而且相互之间有着密切的关联，因而任何故障部位与故障症状之间都有着密切的内在联系。根据这种规律可以从图像症状中分析和推断故障的大致范围。推断出故障的大体范围之后，则要进一步缩小故障范围，寻找故障点，确认不良元器件。

在这个过程中需要借助于检测等辅助手段。如果使用这种方法还不能确切地判断故障点，可以进行动态信号跟踪测量。动态信号检测是使显示器处于正常工作状态，电脑主机输出图像信号，测量可疑部分的各点信号波形。将示波器观测到的波形与图纸、资料上提供的标准波形进行比较，即可找到故障点，找到故障点也就很容易找到故障元件进行更换。

彩显检修中观察的波形虽然很多，但重点是扫描电路部分和视频电路部分的波形。彩显的行频范围在 30～130 kHz，一般彩显的行频大多为 50 kHz 左右；而彩显视频信号的带宽却要宽得多，不同分辨率的彩显，其视频带宽相差很多，最低可接近 20MHz，最高可达 200MHz 以上。

9.3.1 行场扫描电路和二次电源检修技巧

下面以 TDA4853 机芯彩显为例进行简要介绍。

9.3.1.1 开机后无高压启动声，无光栅

接通电源，观察屏幕上有无高压反应，方法是：在开机瞬间，将一张薄纸置于屏幕前，它产生的静电场对薄纸有瞬间的吸附作用。

开机若有高压，则说明行扫描电路基本正常，故障在视频电路、显像管附属电路及显像管本身；若无高压，应重点检查行扫描电路和与其相关的过压保护电路。

(1) 行停振

行停振后，TDA4853 第 8 脚将无行激励脉冲输出，造成行输出级停止工作。检修时，首先应检查 TDA4853 第 10 脚有无 11.5V 左右的供电电压，若没有，若检查 R411、TDA4853 也正常，应对 12V 产生电路进行检查，其次，再检查 TDA4853 的 28、29 脚外围元件工作是否正常。

(2) 行激励电路

正常情况下，行激励管 Q402 D 极电压为十几伏，若 Q402 D 极电压为 20V，说明 Q402 处于截止状态，行激励管未工作；若 Q402 D 极电压为 0V，应检查 R426 是否开路，C414、Q402、D404 是否击穿。

(3) 行输出电路

当确认故障部位在行输出电路时，测行输出管 Q403 的 c 极有无供电电压。若有，检查行激励变压器 T401 引脚是否有脱焊现象，R428、Q403 是否开路；若没有，则应重点检查＋B 电源电路。

(4) ＋B 电源电路

＋B 电源电路检修，应重点检查 75V 供电、L906、D925、Q911 以及 TDA4853 的 3、4、5、6 脚外围元件是否正常。

9.3.1.2 开机瞬间有高压启动声，随即消失

开机瞬间有高压启动声，说明行输出电路工作，随即消失说明保护电路动作。检查时，可在开机瞬间测量 TDA4853 的 2 脚电压，该脚电压正常值为 6.4V，造成阳极高压过高的原因一般是由于逆程电容 C418、C419 变质、＋B 电源电压过高等引起的。

9.3.1.3 场回归线故障

① 亮度正常满屏回归线，这种故障主要是由于场消隐电路异

常引起。应重点检查 Q601、D603、R631 等。

② 亮度失控满屏回归线，这主要是由于视放输出供电电路、显像管电路异常引起的。主要是显像管栅极 G1 上的负压过低、加速极 G2 电压过高等。

③ 单色光栅回归线，说明显像管或其阴极电路异常。主要是显像管阴极电压过低、暗平衡调整电路异常等。

④ 光栅顶部有数条回归线，这种故障主要是由于场输出电路泵电源电路异常所致，应重点检查 R731、D601、C620、ZD620 是否正常，若以上元件检查均正常，应检查 TDA4866。

9.3.2 视频处理电路检修技巧

视频处理电路常见故障表现为开机有高压启动声，无光栅。

开机有高压启动声，说明行扫描电路工作正常，故障部位一般是在视频处理电路及显像管附属电路。

检修方法是：观察显像管灯丝是否点亮。若灯丝不亮，应测量 6.3V 供电电压，应检查 Q907 的 c 极有无 6.5V 电压输出。若有，检查 Q907 的 c 极与显像管灯丝之间电路是否有开路现象；若 Q907 的 c 极无电压输出，而 Q907 的 e 极有 7V 电压输入，说明节能控制电路有异常。

若灯丝供电电压正常而灯丝仍不亮，检修时应拔下显像管插座，检查灯丝是否熔断。

若显像管灯丝亮，进一步检测显像管加速极上的电压是否正常（正常为 200～400V 左右），若不正常，则应调节行输出变压器上的加速极电压调节电位器，观察加速极电压变化，能否达到正常值。若显像管加速极电压正常（正常为 −20V 左右），应测量显像管栅极电压，观察负压是否过低。

9.4 液晶（LCD）显示器简介

9.4.1 液晶显示器的显像原理

由液晶显示器件制造的显示器称为液晶显示器。

液晶显示器的显像原理是：将液晶放在两片导电玻璃之间，给这两片导电玻璃施加一定的电压，靠这两片导电玻璃间电场的驱动，引起液晶分子扭曲向列的电场效应，以控制光源透射或遮蔽功能，在电源关开之间产生明显变化，进而将影像显示出来。如果再加上彩色滤光片，则可显示彩色影像。

实际应用中，两片玻璃基板上装有配向膜，所以液晶会沿着沟槽配向移动。由于玻璃基板配向膜沟槽偏离 90°，所以液晶分子成为扭转型，当玻璃基板没有加入电场时，光线透过偏光板跟着液晶做 90°扭转，通过下方偏光板，液晶面板显示白色；当玻璃基板加入电场时，液晶分子产生变化，光线通过液晶分子空隙维持原方向，被下方偏光板遮蔽，光线被吸收无法透出，液晶面板则显示黑色。液晶显示器就是根据此电压的有无，使面板呈现显像的效果。

9.4.2　液晶显示器的结构

各种液晶显示器内部结构基本相同，主要由液晶面板、控制电路板、高压控制电路板、功能面板、冷阴极灯管电源线与信号接口、电源及其他附件等几部分组成。

LCD 显示器的内部结构，主要由 LCD 显示模块与 LCD 模块控制器两大部分组成，如图 9-14 所示。为了应用方便，LCD 显示器的生产厂商经常把所包含的行驱动集成电路、列驱动集成电路（统称为驱动器）、电源电路和液晶板制作为一体，称作 LCD 显示

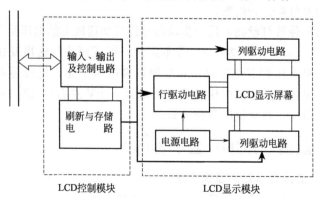

图 9-14　LCD 显示器的内部结构

模块。LCD 模块控制器一般都集成了输入/输出电路、刷新/存储电路以及控制电路。LCD 显示模块与 LCD 模块控制器组合成为 LCD 显示器，挂在计算机总线上。

LCD 显示器与 CRT 显示器一样，是电脑的外部设备，它的主要功能是将电脑主机发出的信息，经过显示适配器接收过来，并把这些信息做进一步的整理、放大及变换，最后以光的形式将文字或图形显示出来。

9.4.3 液晶显示器常见故障的维修

9.4.3.1 黑屏

黑屏故障是指屏幕上没有图像，屏幕处于没有显示图像的黑色状态。黑屏故障有以下三种表现类型：

（1）黑屏，指示灯不亮

插上电源，开机无画面，且电源指示灯不亮。引起此故障的原因可能是：电源电路本身故障，引起没有电压输出；驱动板某一处短路，而把从电源送出来的驱动板供电电压拉为 0V，造成微处理器不工作而导致无显示；按键板损坏，没有起到开关控制的作用。

此类故障要先从电源电路查起。若排除电源电路故障后，若还出现黑屏，指示灯不亮的故障，就需检查驱动板电路中的保险电阻或滤波电感或者是稳压芯片是否损坏。

驱动板中的微处理器芯片的工作电压通常是 5V，若没有 5V 电压，则需依次检查供电电压、稳压器芯片、后级负载电路是否断路等。若经检修后 5V 电压恢复正常，则故障就会立即解决。

若 5V 供电电压正常仍不能开机，原因可能是：一是微处理器内部的程序损坏可能会导致不开机；二是微处理器的 I/O 口损坏，导致工作时不能进行按键操作。

（2）开机后屏幕亮一下黑屏，而电源指示灯绿灯常亮

这种故障一般是高压板保护电路引起的，此时倾斜着看液晶显示器可以看到有画面显示，只是背光灯没有点亮，看不清楚内容。

高压板电路保护电路有两种，一种是过电压保护，一种是过电流保护。检修时应注意两者的区别，如果是过电压保护，灯管点亮

后大约 1s 才熄灭；而如果是过电流保护，则灯管点亮后瞬间熄灭。

（3）通电后黑屏，指示灯亮

这种故障通常是由高压板没有产生高压引起背光灯管没点亮引起的。

应首先检查微处理器的工作条件是否正常，然后检查 12V 供电电压、高压板的控制电压、高压板的控制芯片、高压板开关管是否正常。

若开机后出现电源指示灯闪的故障，则通常是由高压电源电路的开关管击穿引起的。

9.4.3.2 白屏或花屏

白屏或花屏是液晶显示器的常见故障。这种故障通常是液晶显示器驱动电路和驱动板损坏引起的。出现白屏或花屏故障后，首先要检查驱动板到液晶屏驱动电路的排线是否正常，接触是否良好。在排除排线故障后，要重点检查液晶屏驱动电路的 PANEL 电源电压供电电路及其控制信号是否正常。PANEL 电源电压供电电路通常位于液晶屏背面的一块电路板上。

若经上述检查后，故障依旧，则说明故障有可能是驱动板损坏所致。此时可检查信号处理芯片表面温度有无异常，供电电压是否正常，必要时可以试着用编程器刷新微处理器中的程序并补焊微处理器和处理芯片来解决。

液晶屏背面的液晶屏供电控制芯片损坏后，就会出现开机白屏或图像暗淡等现象，如常见的 AAT1101A。

对于三星系列的液晶显示器，液晶屏驱动芯片（如 LXD91810）损坏后也会出现缺色、花屏的故障。

9.4.3.3 开机后无画面显示

出现"非最佳模式"或"超出频率范围"的错误提示信息，这种故障通常是由微处理器中的程序或者是 EPPOM 损坏引起的。

9.4.3.4 图像偏色

出现此类故障，首先应检查微处理器中的程序是否正常，可进入工厂调整模式进行调整或者重写微处理器中的程序，然后重点检查计算机显卡输出的视频信号和信号处理芯片的输出是否正常，若计算机显卡输出的视频信号和信号处理芯片的输出均正常，应检查液晶屏与驱动板的连接排线是否正常。

9.4.3.5　字符虚或拖尾

出现此类故障应首先检查 VGA 信号线，再检查驱动板与液晶屏驱动电路之间的排线是否正常。若上述几点都正常，则可试着刷新一下微处理器中的数据，看能否排除故障。

另外，液晶屏背面电路上的液晶屏驱动芯片损坏或虚焊也可引起字符虚或拖尾的故障。

9.5　示波器检修彩显故障实例

维修实例 1

故障现象：一台美格 MAG786 型多频彩色显示器，开机后绿色指示灯亮，开机瞬间未发现荧屏有高压吸引纸屑现象、黑屏。

故障分析与检修：

通电测得二次电源开关管 Q719 的 S 极电压为 175V（正常），C735 两端 B+电压为 0。显然二次电源未工作，用示波器测试行、场扫描信号处理集成电路 TDA4856 的 6 脚有驱动脉冲输出，电阻 R757 左端有脉冲波形而右端无脉冲波形，由此可以确定 R757 有故障，拆下检测 R757 发现开路。更换后，故障排除。

维修实例 2

故障现象：一台美格 MAG786 型多频彩色显示器，缺蓝色。

故障分析与检修：

缺基色一般是视频处理电路有问题，缺蓝色是蓝色通路有故障。美格 MAG786 型多频彩色显示器视频处理电路主要由视预放集成电路 IC201（M52743BSP）、视频输出集成电路 IC203（LM2435）构成。用示波器观看视频信号输入输出点的波形，视预放集成电路 IC201 的 2、6、11 脚有视频信号波形，29、32、35

脚也有视频信号波形，视频输出集成电路 IC203 的 7、9 脚有视频信号波形，6 脚无视频信号波形，经检查 6 脚虚焊，焊好后图像正常。

维修实例 3

故障现象：一台 LG F775FT 彩色显示器通电后无光栅。

故障分析与检修：

打开机盖后，发现熔断管发黑，由此可断定机内存在严重短路故障。先用万用表电阻档进行静态检测，发现电源开关管 Q901 已击穿短路，行管及其他器件未发现异常。更换开关管并检查后通电，开关电源仍不能正常工作。用示波器测量 Q901 G 极无波形，再测 KA3842 的 4 脚也无振荡波，改用万用表测量 KA3842 的 8 脚有＋5V 输出，再查 KA3842 的 4 脚和 8 脚外围元件正常，判断 KA3842 损坏，更换后故障排除。

维修实例 4

故障现象：一台 LG F775FT 彩色显示器，行不同步。

故障分析与检修：

根据故障现象，重点检查行/场信号处理电路，用示波器测行/场信号处理电路 TDASTV6888 的 1 脚（行同步信号输入）无波形，测微处理器 IC401 的 28 脚无输出，更换 IC401 后故障排除。

维修实例 5

故障现象：一台飞利浦 107S 彩显，图像呈黄色。

故障分析与检修：

根据三基色混色原理，图像呈黄色，说明缺蓝色。该机视频放大采用的芯片是 LM2437 芯片，9、6、7 脚为 R、G、B 输入端，1、2、3 脚为 R、G、B 输出端。用示波器观察输入端 7 脚有波形，而输出脚 2 无波形，更换 LM2437 后故障排除。

维修实例6

故障现象：一台联想 LX-P14BD 彩显，无光栅。

故障分析与检修：

该机型采用的集成电路主要有 UC3842、TDA4853、TDA4860、TDA4866、LSC501985P、24LC06 等。

打开机盖，检查发现电源电路 300V 滤波电容炸裂，保险丝熔断，其他元件未发现异常。断开行负载，在电源电路 180V 主电压输出端接一假负载，通电试机，180V 和其他各路电压输出均正常。换上行负载，将显示器联上主机，打开主机和显示器开关，显示器仍无光栅。测行管集电极电压为 180V，说明＋B 电源电路未工作。

如图 9-15 所示，用示波器测量行管 7606 的 b 极有波形，此时显示器出现光栅。示波器探头脱离行管 b 极时，光栅消失，怀疑7606 的 b 极虚焊。重新补焊后故障排除。

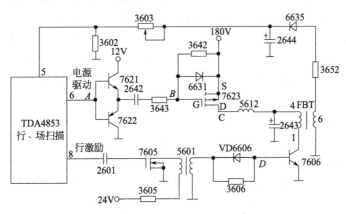

图 9-15 联想 LX-P14BD 彩显＋B 电源电路

维修实例7

故障现象：一台 IBM2248-005 彩显，屏幕上有光栅，但光栅枕形失真，调节枕形校正电位器不起作用。

故障分析与检修：

屏幕上有光栅，说明电源电路、行扫描电路、显像管及其附属电路工作正常，问题出在枕形失真校正电路。该机的枕形失真校正电路主要由 VT701、VT706、VT707 及相应的外围元件构成，如图 9-16 所示。

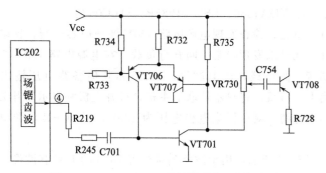

图 9-16　IBM2248-005 彩显枕形校正局部电路

用示波器观察晶体管 VT708 的基极无抛物波信号输入，再查 IC202 的 4 脚有锯齿波信号输出，问题出在 VT701、VT706、VT707 等组成的电路中。检查 VT701、VT706、VT707 各极直流工作电压，发现 VT701 的 b-e 极间击穿，当 VT701 损坏后，由于无场抛物波调制行偏转电流，从而导致光栅出现了枕形失真。更换 VT701 后故障排除。

维修实例 8

故障现象：一台 COMPAQ 38cm 数控彩显枕形失真，行幅偏窄。

故障分析与检修：

通电开机，屏幕左右枕形失真严重，并且行幅也偏窄，调节行幅时行幅变化很小。

由故障现象分析，该彩显同时存在两种故障：一是枕形失真；二是行幅窄。

对左右枕形失真电路中各元件进行检查，未发现异常。而且在行偏转电路中并未找到通常用于枕形校正的磁饱和变压器，维修受阻。

接着检查行扫描电路，该机的行输出电路属于双阻尼二极管工作方式。如图 9-17 所示。

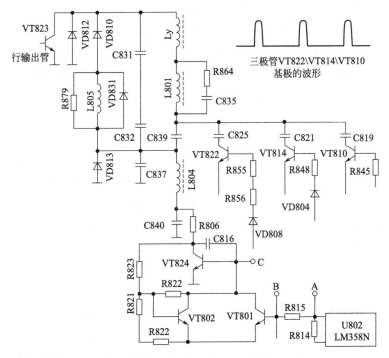

图 9-17　COMPAQ 38cm 数控彩显行扫描电路

用示波器测量连接到偏转回路的各晶体管基极的波形，发现 VT810、VT814 和 VT822 基极波形完全相同，行幅由小到大调整时，波形的峰值由＋175V 降至＋64V，但波形的频率和相位均保持不变，由此可判断上述三只晶体管为行调整元件。当测量 VT824 基极波形时，测得不规范的抛物波。由此说明抛物波形成电路工作不正常。怀疑 VT824 损坏，更换后故障排除。

维修实例9

故障现象：一台 HP VD2811 彩色显示器缺蓝色。

故障分析与检修：

根据彩显三基色的原理，显示如果少某一种颜色，一般是视频控制电路或视频输入电路有故障造成的。

首先从视频输入电路查起，检查与主机显示卡连接的电缆线无异常。接着用示波器检查视频控制电路，该机型视频放大采用的芯片是 LM1203 芯片（28 个引脚），它包含有 3 路单独输出的黑电平钳位比较器，可做亮度控制。

用示波器测量视放板上的有关信号，IC101（LM1203）的 4 脚（B）、6 脚（G）、9 脚（R）都有相同的波形，说明三基色信号输入正常。进一步测 IC101 的 16 脚（R）、20 脚（G）、25 脚（B），结果 16 脚、20 脚有波形输出，而 25 脚只有 2V 的固定电平。固定电平可能是 IC101 不正常，也可能是后置电路有问题。进一步检查后边有关的器件，均未发现异常，怀疑是 LM1203 损坏所致的故障，换此芯片后故障排除。

维修实例10

故障现象：一台飞利浦 2315 数控彩显图像呈黄色。

故障分析与检修：

根据三基色混色原理，图像呈黄色说明缺蓝色。该机型视频放大采用 LM2437 芯片，9、6、7 脚为 R、G、B 输入端，1、2、3 脚为 R、G、B 输出端。用示波器观测波形，蓝色输入端 7 脚有波形，再测输出端 2 脚无波形。更换 LM2437 芯片后，故障排除。

维修实例11

故障现象：一台三星（SAMSUNG）500B 彩显，开机后缺绿色。

故障分析与检修：

根据故障现象，可能是 R、G、B 3 种信号的输入端缺少某种颜色信号，也可能是从 R、G、B 输入端到显像管之间的 3 个阴极的通道有故障。该通道包括信号处理电路、视频输出电路和显像电路。用示波器测显像管的阴极 GK 端无波形，BK、RK 波形输出正常，再用示波器测 IC101（MC13282）的 19 脚无绿色信号输出，而 4 脚有信号输入，判断 MC13282 损坏，更换后故障排除。

第10章 用示波器检修彩电开关电源

10.1 彩电开关电源的组成和特点

10.1.1 开关电源的基本框架

开关电源全称为开关式稳压电源，是相对线性电源来说的一种稳压电源。它是通过开关电源厚膜块控制开关管进行高速的通断与截止，将直流电转换为高频率的交流电，提供给变压器进行变压，从而产生所需的一组或多组电压的一种供电电路。

它主要由市电直流电路，脉冲变压器，开关管，脉冲控制电路，取样、反馈及稳压控制电路和整流滤波输出电路等组成，如图10-1所示。

图10-1所示电路的基本工作原理是：用脉冲控制电路开关管的导通与截止，当开关管导通时，市电整流后的直流电转换为磁能并存储在变压器中；当开关管截止期间，变压器释放磁能，输出交流电压，经直流滤波后输出直流电压，向负载供电。

10.1.2 开关电源的分类

开关电源的种类很多，可根据不同的标准进行基本分类。

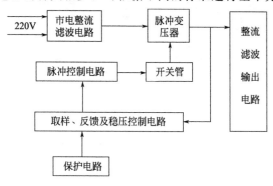

图 10-1 开关电源的基本组成

① 按开关电源电路换能器中开关调整管与负载的连接方式不同，可分为串联型开关电源和并联型开关电源。

② 按开关电源启动方式的不同，可分为自激型（开关管兼作振荡器中的振荡管）和他激型（电路中专设了激励信号的振荡器）两种。

③ 按控制开关管的导通方式可分为调宽型（振荡频率保持不变，通过改变脉冲宽度来改变和调节输出电压的大小）、调频型（占空比保持不变，通过改变振荡器的振荡频率来调节和稳定输出电压）两种。

④ 按开关电源构成的元件分为分立元件和集成电路。

目前应用在彩电上的开关电源大多是几种类型的开关电源的组合。

10.1.3 开关电源的特点

① 效率高：开关型稳压电源的调整管工作在开关状态，因此，功耗很小，效率可大大提高，其效率通常可达 $80\%\sim90\%$ 左右。

② 重量轻：开关型稳压电源常采用电网输入的交流电压直接整流，省去了笨重的工频变压器。

③ 稳压范围宽：输入交流电压在 $80\sim260V$ 之间变化时，都能达到良好的稳压效果，输出电压的变化在 2% 以下，与此同时仍保持高效率。

④ 安全可靠：在开关型稳压电路中，具有各种保护电路。

⑤ 滤波电容容量小：由于开关信号频率高，滤波电容的容量大大减小。

⑥ 功耗小，机内温升低：由于晶体管工作在开关状态，不需采用大散热器，机内温升低，因此整机的可靠性和稳定性也得到一定程度提高。

10.2 彩电开关电源的基本组成

彩电开关电源一般是由振荡电路、稳压电路、保护电路三大部分组成。

10.2.1 振荡电路

主要由启动电路、开关管、开关变压器和振荡电路等组成。开关电源振荡电路分为晶体管振荡电路和集成块振荡电路。常用的有 STR-S 系列、IC 系列、TDA 系列，如 TEA2104、TDA4601、TDA4605、TDA2261、TDA16846 等。

图 10-2 所示为并联型晶体管振荡电路等效电路图，该电路主要由变压器 T、开关管 VT、RC 电路等组成。其工作原理是：+B 的脉动直流电压分为两路，一路是通过脉冲变压器的 1、2 端加至开关管 VT 的集电极，另一路是通过启动电阻 R1 加至开关管 VT 的基极，提供正偏基极电流 I_b，VT 开始导通，并处于放大状态，从其集电极产生的电流 I_c 通过变压器（1-2）产生感应电动势。由于变压器的互感作用，在变压器一次侧 3、4 上产生 3 正 4 负的电动势，并通过 RC 电路中的 C2、R2 反馈到开关管 VT 的基极，使 VT 的基极电流 I_b 在原来的基础上增大，形成正反馈。

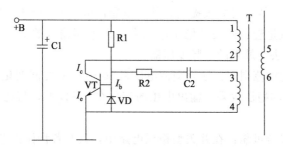

图 10-2　并联型晶体管振荡电路

由于 I_c 增大→变压器 T 的 1、2 绕组产生自感电动势，由于互感作用，→变压器 T 的 3、4 端产生 3 正 4 负的电动势，同时通过 C2、R2 加至 VT 的 b、e 极。由于 C2 两端的电压不能突变，3、4 端的感生电动势通过 C2、R2、VT 的 b、e 极对 C2 进行充电。

随着 C2 充电电流的减小，当 C2 充电电流不能维持 VT 的饱和导通电流，VT 从饱和导通状态回到原来的放大状态。当 C2 充电电流进一步减小时，变压器 T 的 1、2 绕组会产生一个极性相反的自感电动势，同样，通过互感作用，在变压器 T 的 3、4 端产生

3 负 4 正的感生电动势。由于感生电动势迅速通过 RC 电路及 VT 的 b、e 极，且其方向与原电流相反。VT 的基极电流 I_b 迅速减小 →集电极电流 I_c 减小→变压器 T 的 1、2 绕组感生电动势减少→变压器 T 的 3、4 绕组上的感生电动势减少→I_b 减小，VT 此时处于反偏状态。

C2 在极性相反的反电动势下将原来存入的电荷通过变压器 T 的 3、4 绕组放电，VD、R2 放电。随着放电时间的增长，C2 两端电荷减少，VT 的基极电位升高，VT 由截止状态进入放大状态。随着反向放电的继续进行，开关管 VT 恢复正偏，再次出现 I_c，并形成正反馈，重复上述循环，如此循环，就形成了开关电源的脉冲振荡。

10.2.2　稳压电路

开关电源的稳压原理均采用脉冲调宽式的稳压方式。稳压部分的电路由取样、比较放大、基准电压和激励器组成，它通过控制调宽管来改变开关功率管的关闭和导通时间的比例，或通过改变振荡器输出脉冲的占空比来达到稳压的目的。图 10-3 为较为典型的一种稳压电路。

很多机芯此部分电路是采用 IC（如 SE110 等 IC）和光耦件组合而成，而有些机芯则采用分立元件组成（多为国产机），而有些机芯采用的电源 IC 本身就集成了这部分电路（如部分串联型开关电源 IC）。

电源厚膜块是一种以陶瓷材料为基板，将开关电源中的启动电

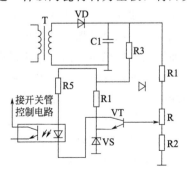

图 10-3　开关电源稳压电路

路、振荡器、锁存器、或门电路、电压比较器、激励电路、过压、过流、过热保护电路和大功率开关管等加以模块化或集成化的电路。根据其集成范围的不同，可大致分为独立稳压型电源厚膜块、开关稳压型电源厚膜块、振荡稳压型电源厚膜块、保护型电源厚膜块4类。图10-4为电源厚膜块内部电路图。

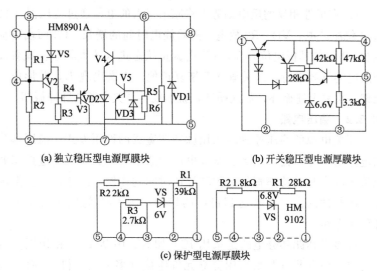

(a) 独立稳压型电源厚膜块　　　　　(b) 开关稳压型电源厚膜块

(c) 保护型电源厚膜块

图10-4　电源厚膜块内部结构图

10.2.3　保护电路

彩电开关电源都设有过压保护（见图10-5）、过流保护（见图10-6）、欠压保护（短路保护），还有过热保护及尖峰脉冲吸收等保护电路，其保护方式均是使电路停振。其中过压保护的作用是防止由于电源内部故障而造成输出电压过高。过压保护电路的取样点一般取自220V交流经整流滤波后的电压或主负载供电电压，通过一个齐纳二极管（稳压管）来进行取样判别。过流保护的作用是防止由于负载过流或电源内部故障而造成的开关管过流。尖峰脉冲吸收保护的作用是，吸收开关管由导通转为截止时产生的尖峰脉冲，保护开关管。短路保护电路的取样点一般都在稳压电源输出的低压组电源上，通过一个二极管来进行判别取样的。

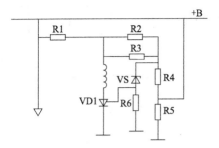

图 10-5　＋B电压过压保护电路

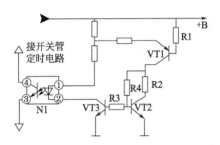

图 10-6　＋B电压过流保护电路

10.3 开关电源信号波形的产生与变化

开关电源中的信号波形，会随着电路结构的不同而有不同的变化。有些是波形幅度发生变化，有些是波形现状发生变化，还有些是相位发生变化等。

10.3.1　波形经过电容器后的变化

电容器在开关电源电路中主要起耦合、分压、滤波作用，还有一些用作积分、微分、定时、锯齿波形成电容的。

（1）积分电路

图 10-7（a）是由 R、C 构成的积分电路，需具备两个条件：①$\tau \gg t_p$，t_p 为脉冲宽度。②从电容器两端输出。输入波形 u_1 与输出波形 u_2 的关系如图 10-7（b）所示。

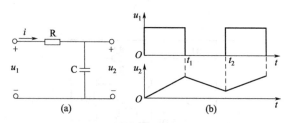

图 10-7　积分电路及输入电压和输出电压的波形变化

（2）微分电路

图 10-8（a）是由 R、C 构成的微分电路，微分和积分在数学上是矛盾的两个方面。同样，微分电路和积分电路也是矛盾的两个方面。虽然它们都是 RC 串联电路，但条件不同时，所得结果也就相反。微分电路必须具备 2 个条件：①$\tau \ll t_p$，t_p 为脉冲宽度。②从电阻两端输出。输入波形 u_1 与输出波形 u_2 的关系如图 10-8（b）所示。

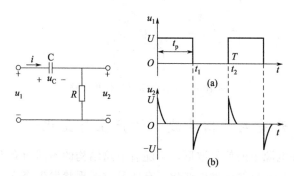

图 10-8　微分电路及输入电压和输出电压的波形变化

10.3.2　波形经过电阻后的变化

电阻器是电路用的最多的元件，主要用作限流、分压、隔离以及积分电路和微分电路元件等用途。分压电阻在电路中主要用来得到合适的波形幅度，分压前后的波形系，只是分压后的波形幅度减小。

10.3.3　波形经过电感后的变化

在开关电源电路中，电感器是一个十分重要的元件，应用十分广泛，开关电源中主要有以下两种类型：

① 滤波电感：主要用于开关电源的输出电路，滤除输出电压的交流成分。

② 储能电感：主要用于开关电源电感升压式 DC/DC 变化器中。

不同的波形经过不同类型的电感变化比较复杂，分析波形变化时需注意电感的特性。

10.3.4 波形经过放大器后的变化

基本放大电路（共基极放大电路、共发射极放大电路、共集电极放大电路）在开关电源电路中均得到较多应用，下面以共发射极放大电路为例简要介绍。

图 10-9 所示电路为一典型的共发射极放大电路，用于对矩形脉冲信号进行放大，电平转换电路一般采用这些电路形式。

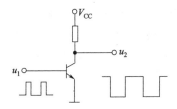

图 10-9　波形经过放大后的变化

该电路的工作原理是：三极管输入信号 u_1 为脉冲信号，在脉冲信号高电平期间，三极管饱和导通，集电极电压约为 0V；脉冲信号为低电平期间，三极管由饱和导通状态进入截止状态，集电极电压为 V_{CC}。由此可看出，集电极输出的信号波形 u_2 与基极输入的信号反相。

10.3.5 波形经过二极管电路后的变化

开关电源电路中，二极管主要用作整流、限幅、钳位、隔离等用途。

图 10-10 为桥式整流电路，变压器二次侧的电压 u 经整流后在负载 RL 上得到单相脉动电压。输出电压 u_O 与变压器二次侧有效

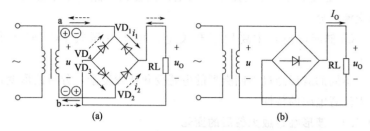

图 10-10　单相桥式整流电路

值 U 的关系为：

$$U_O = 0.9U$$

图 10-11 是桥式整流电路输入—输出（输出电压 u_O 和输出电流 I_O）的波形图。

图 10-12 所示电路中，因 A 端电位比 B 端电位高，所以二极管 VD_A 优先导通。若二极管的正向压降是 0.3V，则输出电压 $V_Y = 2.7V$。当 VD_A 导通后，因 VD_B 上加的是反向电压，因而截止。

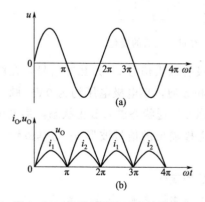

图 10-11　信号经整流后的波形变化

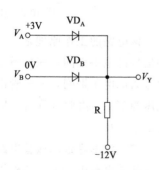

图 10-12　二极管钳位电路

在这里，VD_A 起钳位作用，把 Y 端的电位钳住在 +2.7V；VD_B 起隔离作用，把输入端 B 和输出端 Y 隔离开来。

10.4 用示波器检修开关电源

10.4.1 检修彩电开关电源的主要工具

检修彩电开关电源的主要工具有：万用表、示波器、电烙铁、吸锡器、焊锡丝、白炽灯泡、220V调压自耦变压器等。

电烙铁、吸锡器、焊锡丝是检修开关电源电路的常用工具。

白炽灯泡是检修彩电开关电源的重要器材，主要用作开关电源的负载。检修时应根据彩电开关电源的大小选用不同功率的灯泡作为负载。一般开关电源应选用60W的灯泡作为负载，功率稍大的开关电源应选用150W的灯泡作为负载。

万用表主要用来测量电路的静态电阻、动态电阻和电流以及晶体管极间电阻或电流。

许多工具书已经对万用表检修彩电开关电源有很多介绍，下面主要介绍利用示波器检修彩电开关电源的方法和技巧。

10.4.2 开关管损坏的主要原因

（1）过压击穿

所谓过压击穿就是加在开关管 c（D）、e（S）（指场效应开关管，下同）极之间的脉冲电压过高，从而击穿损坏。

形成过压击穿的原因有以下3种情况：

① 输入电压过高；

② 尖脉冲吸收电路损坏；

③ 感应电压过高。

（2）过流烧毁

过流烧毁开关管也有三种情况：

① 负载严重短路；

② 开关电源输出电压过高；

③ 负载过重。

（3）内部损耗过大损坏

开关管内部损耗过大损坏主要表现在开关管的欠激励与过激励，下面分别加以说明。

① 欠激励。在并联型开关电源中，开关管的导通是依靠正反馈脉冲，而串联型开关电源是依赖激励脉冲使开关管导通，且均要求加在开关管 b（G）极的脉冲波形及幅度合乎要求，以保证开关管由截止进入饱和或由饱和退至截止状态顺利。如果正反馈或激励电路出现故障，使正反馈或激励脉冲幅度不足，就会导致开关管进入放大区时间过长（开启或关闭损耗过大）而过热损坏。

对他激式串联型开关电源来说，形成欠激励主要是激励电路输出的推动功率不足，比如长虹 C2143 彩电开关电源局部电路。

② 过激励。形成过激励有以下原因：

a. 开关管正反馈量过大或负反馈回路反馈量减小；

b. 脉宽或频率控制电路元件参数不对，在开关管饱和导通期间对开关管 b（G）极的分流太小；

c. 对串联开关电源来说，外加的激励功率过大，比如推动电路电源电压增加，激励回路阻抗减少；

d. 更换的开关变压器的参数不对，比如电感量过大。

除上述外，还有一些因素，如开关管（或电源厚膜块）散热不良，从而使管子（或厚膜块）温升过高。

10.4.3　用示波器检修开关电源

（1）示波器与开关电源的连接

示波器主要用来测量脉冲波形，检修开关电源时，应熟悉常见开关电源主要测试点的脉冲波形。由于彩色电视机开关电源底板局部或全部电路带电，维修时为了确保人身安全和避免一些不必要的损失，最好在市电与电源输入端之间加接一个 1∶1 的隔离变压器，如图 10-13 所示，否则不能测量高频脉冲变压器一次侧之前的任何电路。

若使用示波器、信号发生器等设备检测电路，应将这些设备的三芯电源插头线的地线断开，如图 10-14 所示。另外，检修时电源不能空载，必须加接 280Ω 左右的假负载进行检查。

如图 10-15 所示，若将示波器的接地端 C 与电源的地端相接，由于示波器的 C 端是与市电电网的地线相通的，这就相当于将 A、

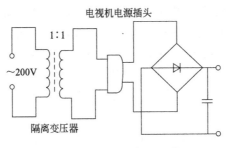

图 10-13　使用隔离变压器

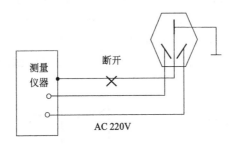

图 10-14　测量仪器安全接电示意图

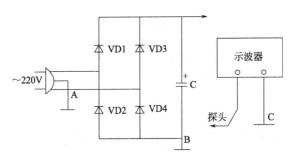

图 10-15　示波器测量开关电源连接图

B 点相连，使交流输入端通过整流桥的整流二极管 VD2 短路，从而烧坏电源。即使示波器的地不接大地，但示波器外壳带电是不能工作的。若使用隔离变压器，由于隔离变压器将市电电网地线 A 与电源地线 B 隔离，此时可安全使用示波器。

（2）示波器检修开关电源

在彩电的维修工作中，电源开关管（含电源厚膜块，以下简称开关管）的损坏比较常见。可通过示波器观察加在开关管 c（D）或 b（G）极上的电压波形，准确地判断和排除故障。图 10-16（a）、（b）是正常情况下测得的某开关管的 c、b 极上的电压波形，图 10-16（c）是某开关管 b、c 极间并联的尖脉冲吸收电容失容时测得的 c 极电压波形图。由图可看出，其脉冲幅值与图 10-16（a）比较有明显的变化。图 10-16（d）是某开关管基极回路脉冲形成电容失容时测得的基极波形图，该波呈三角形，在开关管由截止进入饱和导通状态的过程中，经放大区的时间就会过长，形成欠激励，极易过热损坏开关管。若开关管 b（G）极上的电压波形幅度不足 $2V_{P-P}$，则说明正反馈或激励不足。若大于 $4\ V_{P-P}$，则说明存在过激励。若没有脉冲波形，则表明正反馈或激励电路已完全损坏。

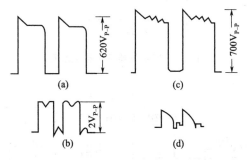

图 10-16　开关管的各极电压波形

10.5 开关电源的检测关键点和维修技巧

10.5.1 开关电压的测试关键点

在检修开关电源的过程中，可根据故障现象，沿着信号的走向，测量某些关键点或延伸测量点的电压波形。只需掌握开关电源的电路结构，掌握各关键点的特点及正常波形，通过对测试点进行测试，就可以迅速找到故障部位。

检修开关电源有许多定性的参数，这些关键参数对于不同的开关电源不是精确的，只是一些大概性的数据，不能以此为依据，只可作为一种范围性的数据，读者应灵活应用这些数据。

① 开关管集电极（或源极）电压一般为实际输入交流电压（包括降低输入的电源）的 1.4 倍，若是，说明开关电源的整流、滤波电路正常；否则应检查整流、滤波电路。

② 开关管基极应有 0.6V 左右的启动电压。若无启动电压，应检查启动电路；若有启动电压但为正值，说明开关管未起振。

③ 调整输入电源变压器，若输入电压在 70～150V 还未起振，则应检查正反馈电路。

④ 一般情况下，开关电源输入电压升至 160～180V 时，输出电压便达到并稳定在正常值上，不再随输入电压的升高而升高。若输出电压不能稳定时，应重点检查稳压电路，如采样、基准、比较放大、光电耦合器和脉宽控制电路等部分；若输入电压高至 240V 左右时，各输出电压还不能保持正常值，应重点检查稳压电路，如采样、基准、比较放大、光电耦合器和脉宽控制电路等部分。

10.5.2 示波器检修开关电源的技巧

① 正确认识常见波形，如正弦波、矩形波、锯齿波、复合波形等。

② 熟悉电路中关键点的测试波形。

③ 能根据波形的故障特征确定故障范围。在有故障的开关电源中，波形的变化是千差万别的，但仍有一些规律可循，主要有：

a. 无波形。原因可能是信号没有送至检测点，也可能是电路有开路、开关电源没有起振、也可能是检测点与地之间有短路故障。

b. 波形幅度偏差过大。这种情况也反映出电路工作不正常。如耦合电容变值或馈送信号支路电阻阻值增大，一般会使波形幅度衰减很多。另外，交流输入电压的变化，也会引起波形幅度变化。

c. 波形发生畸变。引起波形发生畸变的原因有电容、电阻元件的变值，也有可能是开关管工作失常引起的。

d. 波形中有附带杂波。在示波器上看不到清晰的波形，而是许多线条平移叠加或杂乱地同时显示，其中一条波形线较亮，其他的则较暗，如图 10-17 所示。造成此种故障的原因可能是滤波电容失效，某些元器件或电路板漏电。另外，如果示波器旁边有大功率的变压器或示波器接地不良，也会造成干扰。

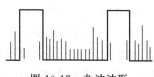

图 10-17　杂波波形

e. 波形倒转。此种故障大多是由于放大器工作失常或门电路不正常引起的。

f. 波形上叠加有振荡波。这种故障表面电路中存在寄生阻尼振荡，在开关电源或高压板电路中比较常见。

④ 示波器的正确使用。利用示波器检修开关电源需灵活变换有关旋钮的档位，才能正确地显示被测波形。有些电路的测试点波形含有直流分量，这些直流分量可能作为下一级电路的偏置电压，其值正常与否也反映了本电路的工作状态是否正常。因此，在测试这类波形时，须将示波器置于 DC 耦合方式，这样才能同时观察到波形中的交流分量和直流分量。当然，在大多数情况下，将示波器置于 AC 位置，可方便测试和观察。

⑤ 在开关电源的控制操作中观察波形。开关电压电路中的有些测试点的波形不是一直存在的，会因开关电源的工作状态而出现或消失。例如，当开关电源在待机状态下，大部分电路是不工作的或处于弱振状态，也就无法产生波形。因此，用示波器测量波形时，应在工作状态下进行。

第11章 用示波器检修手机

11.1 手机的整机结构和信号流程

手机是一种便携式移动通信工具。图 11-1 为典型手机外部结构图。从外观看，手机主要由液晶显示屏、按键板、扬声器、话筒、耳机插口、存储卡及其插口、电池、摄像头等组成。

图 11-1　为典型手机外部结构

手机虽然发展很快，但其基本电路变化不是很大。手机电路还是由射频发射和接收电路、逻辑/音频电路和 I/O 接口电路 3 大部分构成。

射频接收电路主要完成接收信号的处理并形成接收基带信号，再将接收基带信号送往逻辑板进一步处理。射频发射电路主要完成发射信号的处理，产生发射射频信号，并将发射信号进行功率放大，经天线开关通过无线电波送往基站。

逻辑电路主要完成整个手机的功能控制，同时产生射频电路所需的发射基带信号,又将射频电路产生的接收基带信号处理形成信号,一般包括:对方话音信号、来电振铃信号、来电振动信号、显示屏显示信号。

I/O 接口电路主要包括:键盘电路、显示电路、SIM 卡电路、指示灯电路、照明灯电路、送话电路、受话电路、振铃电路、振动电路等。

11.1.1 射频发射和接收电路

射频发射和接收电路又称射频电路。通过元器件的安装位置可以基本判定射频发射和接收电路,在一般情况下,射频发射和接收电路集中安装在一起。

射频电路方框图如图 11-2 所示。射频电路包括射频接收电路和射频发射两部分。

(1) 射频接收电路工作原理

从天线接收下来的高频信号经天线切换开关 U501 输出送至接收滤波器 U602 进行滤波,该滤波器有两个通道,即 GSM 通道和 DCS 通道。当工作在 GSM 系统时,滤波后的信号经 Q602 进行高频放大,放大后输出的高频信号再经接收滤波器 U601 滤波,滤波输出的信号送入射频信号处理器的 47 脚和 48 脚;当工作在 DCS 系统时,通过滤波器 U602 滤波输出的信号经 Q601 高频放大,放大输出的高频信号也进入接收滤波器 U601 滤波,滤波后输出的信号送入射频信号处理器的 1 脚和 2 脚。进入射频信号处理器的高频信号,与一本振输出的本振信号进行混频,混频后从 41 脚和 42 脚输出 225MHz 的中频信号,经中频滤波器滤波后再从 29 脚和 30 脚进入射频信号处理器的第二混频器,第二本振信号的频率为 540MHz,该信号也送入射频信号处理器。第二本振信号经过二分频为 270 MHz,270 MHz 的频率信号在第二混频器与第一中频信号 225MHz 频率进行混频,取出 45MHz 的第二中频,第二中频信号直接在射频信号处理器内部解调出 RXIN,RXIP,RXQN 和 RXQP 四路接收基带信号送往射频接口电路。

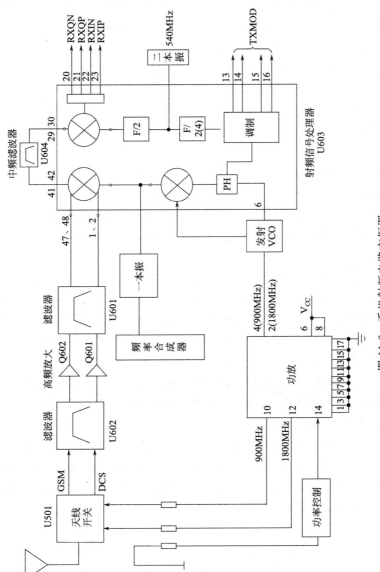

图 11-2 手机射频电路方框图

(2) 射频发射电路

由逻辑电路处理形成的发射基带信号 TXIN、TXIP、TXQN 和 TXQP 四路调制信号从射频接口分别进入射频信号处理器 U603 的 13、14、15 和 16 脚，第二本振信号 540MHz 频率信号也送入射频信号处理器 U603。在 U603 内部进行"四分频"，分频为 135MHz 的频率信号，该频率信号对 TXMOD 进行发射调制（发射基带信号）调制成 135MHz 频率的发射中频信号。发射 VCO 也同时产生 GSM 890～915MHz 或 DCS 1710～1785MHz 的发射载频信号，该信号一方面送入功率放大器进行放大，另一方面又送回到射频信号处理器 U603 与一本振信号进行发射混频，产生 135MHz 的频率信号，该信号再与 135MHz 的发射中频信号在 U603 内部的 PH 鉴相器中进行比较产生锁相环控制电压信号，控制发射 VCO 的振荡，控制功放的过程受 CPU 的控制，根据接收系统的不同而相应变化。

当工作在 GSM 系统时，该载波信号从功放的 4 脚输入，在功放内部进行功率放大后从其 10 脚输出，经天线开关输出到天线发射出去；当工作在 DCS 系统时，发射信号从功放的 2 脚输入，在功放内部进行功率放大后从其 12 脚输出，经天线开关输出到天线发射出去。功放的功率放大受功率控制器的控制，控制信号从功放的 14 脚输入。功率控制电路的输入端接用了一个取样电阻将功率输出到天线开关 U501 的信号取样，从而实现功率控制的目的。

11.1.2 逻辑控制电路

手机的逻辑控制电路由 CPU、EPROM、E^2PROM、SRAM 及数据总线、地址总线、控制线以及手机的逻辑控制对象（射频电路、接口电路）构成。手机的逻辑控制电路对整个手机电路进行控制，来实现手机的开关机、入网、显示、音频信号处理等功能。图 11-3 所示为逻辑控制部分电路原理图。

① 由逻辑部分送来的 RXQN、RXQP、RXIN 和 RXIP 四路信号进入射频接口（PCM4400）的 51～54 脚，在该模块内经 A/D 转换为数据信号送至 CPU 进行处理，经 CPU 处理后再将数字语

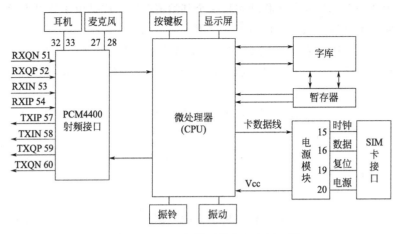

图 11-3 手机逻辑控制部分电路原理图

音转换为模拟语音信号，该信号再次送回射频接口模块进行放大，从 32 脚和 33 脚输出音频信号电压使耳机发出声音。

② 由麦克风送来的模拟语音信号首先输入射频接口模块的 27 脚和 28 脚，在该模块内经 A/D 转换为数据语音信号，送往 CPU 进行编码，编码后的数据信号再送至射频接口电路，在射频接口电路分解出 TXIN、TXQN、TXIP 和 TXQP 四路调制信号送往射频发射电路。

③ 振动信号、振铃信号分别来自于 CPU，CPU 在不同的状态输出不同的控制信号来控制手机工作。

④ 手机在电压芯片工作正常，CPU 自检工作正常后，CPU 送出看门狗信号到电源 PWR 芯片，维持开机。

⑤ CPU 输出发射启动 TXON 信号，接收启动 RXON 信号。这些信号控制接收与发射的射频 RF 部分，实现收、发通道之间切换的双工通信。TXON、RXON 信号在逻辑电路框图中没有标注，但在所有的手机具体电路中都有。

⑥ CPU 通过频率合成器的数据 SYN DATA、时钟 SYN CLK、启动 SYN EN 信号的控制，使频率合成器输出的频率按需要进行切换，达到信道越区切换（越区切换是指移动台在通话过程

中从一个基站覆盖区移动到另一个基站覆盖区，或是由于外界干扰而切换到另一条语音信道上的过程）的目的。

⑦ CPU 通过 SIM DATA（卡数据）、SIM CLK（卡时钟）、SIM RST（卡复位）及 VCC 电源等信号及供电给 SIM 卡，使 SIM 卡和 CPU 进行信息交换。

⑧ CPU 通过数据 LCD DATA、启动 LCD EN、供电 LCD VCC 等，使 LCD 正常显示工作。

⑨ CPU 通过列线 COL、行线 ROW 组成的矩阵对各个按键实施控制及信息搜索。

⑩ CPU 发出 LED 启动信号，控制开关管使 LED 发光。

逻辑控制系统是手机整机工作的控制核心，不正常的逻辑电路引起的故障有不开机、不接收、不显示、不识卡、按键失灵等。在检修手机故障时，要具体电路具体分析。

11.1.3 示波器的选择

手机检修中要观察的波形，一般是音频波形、中频波形、13MHz 时钟信号、逻辑电路输出的 RXON、TXON 波形等。

从频带宽度来看，应选用 Y 轴带宽大于信号带宽的示波器。另外手机中的很多信号是不确定的，因此应尽量选用数字存储示波器。但是，由于手机中的中频信号达几百兆赫，选择带宽大于几百兆赫兹的数字存储示波器十分昂贵。

从灵敏度方面考虑，选用灵敏度高的示波器对测量一些弱信号非常有帮助。在手机维修中，示波器灵敏度应优于 10mV/格档。示波器面板上的垂直偏转因数，最好应有 10V/格档或 15V/格档。这样，当用 10∶1 的衰减探头测量手机发光板的电压波形时，就能够准确地读出脉冲幅度数值。

示波器探头一般选用 1∶1 或 10∶1 探头即可满足测量需求。

11.2 手机电路关键点波形

手机中有很多关键测试点，用万用表测量很难确定信号是否正常。此时，必须借助示波器来进行测量。手机中的脉冲供电信号、时钟信号、数据信号、系统控制信号、RXI/Q、TXI/Q 以及部分射频电路的信号等，可借助示波器观测到波形。通过将实测波形与图纸上的标准波形（或平时积累收集的正常手机波形）进行比较，就可以为维修工作提高判断故障的依据。

11.2.1　射频电路常见信号波形

（1）脉冲供电电压

手机较多地采用脉冲供电电压，如摩托罗拉 V998 手机的 TVCO-250、SF-OUT、RVCO-250、DCS-VCO 等供电电压都是脉冲电压，这些波形置于在手机启动利用示波器才能测到。若用万用表测量，其结果要远远小于标称值。

（2）13MHz 时钟信号波形

手机基准时钟振荡电路产生的 13MHz 时钟，一方面为手机逻辑电路提供必要条件，另一方面为频率合成电路提供基准时钟。无 13MHz 基准时钟，手机将不能开机，13MHz 基准时钟偏离正常值，手机将不入网。因此，检修手机时，特别应注意该信号。13MHz 信号在手机开机时可利用示波器方便地观测到。另外，手机中的 32.768kHz 信号也可测得，波形为正弦波。

（3）发射 VCO 控制信号

在发射变频电路中，TXVCO 输出的信号一路到功率放大器，另一路 TXVCO 信号与 RXVCO 信号进行混频，由此得到发射参考中频信号：发射已调中频信号与发射参考中频信号在发射变换模块的鉴相器中进行比较，再经一个泵电路，输出一个包含发送数据的脉冲直流控制信号去控制 TXVCO 电路，形成一个闭环回路。这样，由 TXVCO 电路输出的最终发射信号就十分稳定。

在遇到手机不入网、无发射故障时，就需要经常测量 VCO 的控制信号。图 11-4 为爱立信 T28 手机的 VCO 控制信号，该机型的 VCO 控制型号由 N234 的 63 脚输出，用数字存储示波器测量波形时，需拨打"112"以启动发射电路。

（4）一本振 VCO 控制信号

一本振 VCO 控制信号是判断一本振 VCO 是否正常工作的重

1.2V

4.6ms

图 11-4 爱立信 T28 手机 VCO 控制信号波形

1.7V

1.17s

图 11-5 爱立信 T28 手机一本振 VCO 控制信号波形

要依据。爱立信 T28 手机 D300 的 3 脚为一本振 VCO 控制输出端，如图 11-5 所示。另外，二本振 VCO 的控制信号也可通过示波器进行测量。

（5）RXI/Q、TXI/Q 信号

维修不入网故障时，通过测量接收机解调电路输出的接收 RXI/Q 信号，可快速判断出是射频接收电路故障还是基带单元故障。

RXI/Q 信号需用示波器测量，方法是：

① 将示波器探头接至 RXI/Q 测试端；

② 不要给手机接射频信号源，在开机的 30s 内可观察到 RXI/Q 信号。手机在待机状态下，RXI/Q 信号只偶尔闪现一下。

正常的 RXI/Q 信号其直流脉冲顶部有波状信号，此信号为 I/Q 信号的交流成分，峰峰值约为 100mV。如果脉冲顶部平坦，说明 I/Q 不正常。需注意的是，不同的测试设备测得的 RXI/Q 可能不大一样。

若用示波器可看到的 RXI/Q 信号的顶部波状信号，说明解调电路之前的电路基本没问题；若不能，说明解调电路、13MHz 时钟不良，应重点检查中频处理电路的供电是否正常以及中频处理电路是否损坏或脱焊。

使用普通的模拟示波器测量 TXI/Q 信号时，需将示波器的时基开关旋转到最长时间/格，拨打"112"，若能打通"112"，会看到一个光电从左向右移动，若不能打通"112"，波形一闪而过就不再来了。RXI/Q 波形与 TXI/Q 类似。

RXI/Q 信号如图 11-6 所示，其波形幅度为 2.8V 左右。

图 11-6　RXI/Q 信号波形

11.2.2　逻辑电路常用测试信号

（1）接收使能 RXON、发射使能 TXON 信号波形

使用数字示波器可方便地测到 RXON、TXON 信号，正常情况下其波形如图 11-7 所示。

3V

4.6ms

图 11-7　RXON、TXON 信号波形

测试时需拨打"112"以启动接收和发射电路。使用普通的模拟示波器，需将时基开关拨到最长时间/格，测得的信号波形是一个光点从左向右移动并不断向上跳动。

（2）SYN DATA、SYN CLK 和 SYN EN（SYN ON）信号波形

CPU 通过 CPU 输出的频率合成器数据 SYN DATA、时钟 SYN CLK 和使能 SYN EN（SYN ON）这三条线对锁相环发出改变频率的指令，在这三条线的控制下，锁相环改变输出的控制电压，输出的控制电压再去控制压控振荡器的变容二极管，就可改变压控振荡器的输出频率。

SYN DATA、SYN CLK 和 SYN EN（SYN ON）信号波形可用示波器测量，波形如图 11-8 所示。

（3）SIM DATA、SIM CLK、SIM RST 信号波形

遇到不识卡故障时，通过测量卡数据 SIM DATA、卡时钟

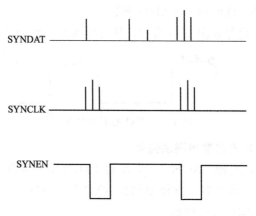

图 11-8　SYN DATA、SYN CLK 和
SYN EN（SYN ON）信号波形

SIM CLK 和卡复位 SIM RST 信号，可快速地确定故障部位。这三种信号的信号波形类似，图 11-9 为爱立信 T28 手机 SIM DATA 信号波形。测量需在开机时进行，否则很难测得该信号。

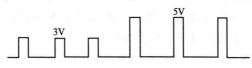

图 11-9　爱立信 T28 手机卡 SIM DATA 信号波形

（4）SDATA 和时钟 SCLK 信号波形

CPU 通过显示数据 SDATA 和显示时钟 SCLK 进行通信，若不正常，手机就不能正常显示。图 11-10 为爱立信 T28 手机的显示数据波形，波形幅度在 3V。手机开机后就可测到显示数据 SDATA。

（5）脉宽调制信号

手机电路中的脉宽调制信号不多，波形一般为矩形波，脉冲占空比不同，经外电路滤波后的电压也不同，可用示波器方便地测量。爱立信 T28 的显示对比度控制电路采用脉宽调制控制方式，

图 11-10　爱立信 T28 手机显示数据波形

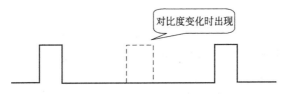

图 11-11　D600 的 M13 脚波形

D600 的 M13、B14 脚输出的就是脉宽调制信号。M13 脚波形如图 11-11 所示，波形幅度在 3V 左右。

11.2.3　其他电路信号波形的测试

（1）受话器两端的信号波形

用手拍打受话器时，使用示波器在受话器两端能测得音频波形，如图 11-12 所示。

图 11-12　受话器两端音频信号波形

（2）振铃两端的信号波形

手机设置功能在铃声状态时，接收电话时振铃两端应有音频波形出现，一般为 3V 左右。

（3）照明灯驱动信号波形

爱立信 T18 手机的键盘灯电路主要由发光二极管 H551～560，控制开关管 V614、V615 等元器件构成，发光二极管点亮和熄灭由微处理器 LED3K（69 脚）来控制，即当 V614、

V615 导通时, 发光二极管点亮; 当 V614、V615 截止时, 发光二极管熄灭。

键盘驱动信号 (CPU 的 69 脚) 波形如图 11-13 所示。

3V
16.4μs

图 11-13　爱立信 T18 手机的键盘灯驱动信号波形

而爱立信 T28 手机采用的键盘照明电路较为特殊, 它采用了"电致发光"技术, 发光原理是荧光粉在交变电场的作用下被激发而发光, 电致发光可发出红色、蓝色或绿色的光, 爱立信 T28 手机发出的是绿色光。

采用"电致发光"技术的 T28 手机较为省电, 大约 10mA 左右。

11.3 手机常见故障检修

11.3.1　接收电路故障检修

手机接收电路采用超外差和数字通信方式接收基站发射的无线电波, 所以根据手机接收电路的特点, 利用示波器、频谱仪等仪器对一些信号进行跟踪测试非常必要, 这样可以准确地判定故障范围或部位。

在检修接收电路时, 可以将接收电路分为射频信号放大、中频信号处理和接收 RXIQ 信号处理三部分。图 11-14 为三星 T108 手机接收电路各部分划分方框图。

在检修时本着先易后难的原则, 即先排除射频信号放大部分、接收 RXIQ 信号处理部分的故障, 若这两部分确认无故障, 再检修电路相对复杂的中频信号处理电路。

示波器在手机维修中有着相当重要的作用。手机采用数字通信技术, 并由 CPU 输出各种控制信号使接收、发射电路轮流工作, 所以通过示波器测量这些信号波形来判断故障点是非常重要的一种手段。

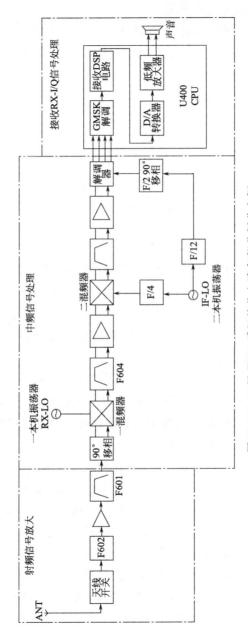

图 11-14 三星 T108 手机接收电路各部分划分方框

（1）射频供电电压的测量

手机的射频供电用 VRX（如诺基亚 8210）、VBR V-RX（如摩托罗拉 T191）、3VRF（如三星 T108）等字母表示，其供电方式也不尽相同。有些型号的手机采用直流供电方式；而有些型号的手机采用开机、待机时间间歇供电，拨打"112"或通话时直流供电，所以用示波器的 DC 档测量比较准确。

（2）接收 RXI/Q 信号的测量

接收 RXI/Q 信号是检修接收电路非常重要的一个信号。通过检测接收 RXI/Q 信号是否正常，可以判断出是射频信号放大及中频信号处理部分的故障，还是接收 RXI/Q 信号处理电路出现故障，以确定故障的电路范围。

（3）接收启动信号的测量

有些型号的手机 CPU 输出接收启动信号（RXEN），又称接收使能信号（RXON），启动手机接收电路工作，并控制其工作的时间，使其严格地按照规定的时隙工作，如三星 T108 手机。通过接收启动信号的测量，可以检查微处理器控制电路是否正常。

（4）频道选择信号的测量

频道选择信号用来控制手机是工作在 GSM 频段还是工作在 DCS 频段。如三星 T108 手机 U400 CPU 输出频段选择信号 3VBANDSEL，来控制手机的工作频段。通过频段选择信号的测量，可以检查微处理器控制电路工作是否正常。

（5）接收一本振锁相环控制电压的测量

部分手机的线路采用从射频 IC 或中频 IC 输出锁相环控制电压到接收一本振的方法来控制接收一本振的频率，如诺基亚 8210/8510。利用示波器测量该锁相环控制电压的波形是否正常，可以判断出接收一本振电路是否损坏。但由于设置独立本振频率合成电路的手机（如三星 T108），由于测量不到锁相环控制电压，所以不能采用此方法，而只能通过用频谱仪测量其输出的一本振信号、一本振信号频率是否正常来判断是否损坏。

11.3.2 发射电路故障检修

发射电路的作用是将手机用户的声音和控制信息调制在射频载波上，经功放进行功率放大后，再通过天线发射无线电波传输到基站。对于发射电路的检修，同样需要示波器、频谱仪等仪器对一些信号进行跟踪测试，从而判断出故障范围。

当手机接收、发射电路都正常，在开机 30s 内和拨打"112"时，用示波器可以很容易地测到发射电路处于连续工作状态下的发射供电、发射 TXI/Q、发射启动、发射功放启动、发射功率控制等各种发射及控制信号的波形。但是若发射电路发生故障，其处于连续工作状态下的上述各种信号也就检测不到了。此时，观察电流表，其指针在 80～120mA 摆动而上不去，这种现象称发射电路"启动连续工作状态难"。

在检修发射电路时，可以将发射电路部分分为发射信号功率放大、发射信号调制及发射 TXI/Q 信号处理三部分，图 11-15 为三星 T108 手机发射各部分电路划分方框图。仍按照先易后难的原则，即先排除发射信号功率放大、发射 TXI/Q 信号处理部分的故障，若经检查确认这两部分无故障，再检修相对复杂的发射信号调制电路。

示波器在检修手机的发射电路时可发挥重要的作用。在开机 30s 内或拨打"112"，启动发射电路工作后，测量其各种发射及控制信号。

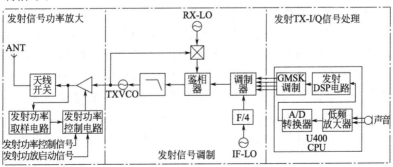

图 11-15　三星 T108 手机发射各部分电路划分方框图

(1) 发射 TXI/Q 信号的测量

TXI/Q 信号是检修发射电路的一个非常重要的信号。通过检测发射 TXI/Q 信号是否正常，可判断出是发射信号调制部分故障，还是发射 TXI/Q 信号处理电路故障，以确定故障的电路范围。

(2) 发射供电电压的测量

各种手机的发射供电方式不尽相同，如三星 T108 手机的发射电路由单独的发射电源供电（3VTXEN1）。在测量发射供电电压时，需用示波器的 DC 档进行测量，以保证测量的准确性。手机启动发射电路工作后，若测量发射供电电压不正常，可以断定无发射故障是由无发射供电引起的，应检修发射供电电路。

(3) 发射启动信号的测量

在启动发射电路工作后，CPU 输出发射启动信号，启动手机发射电路工作并控制其工作的时间，使其严格地按照规定的时隙工作。通过测量发射启动信号，可以检查微处理器控制电路是否正常。

(4) 功率控制电路输出信号的测量

当启动发射电路工作后，功率控制电路输出控制信号，启动发射功率放大器工作，将 TXVCO 输出的发射信号进行功率放大，再通过天线开关和天线发射出去。若功率控制电路不能输出控制信号，发射功率放大器就不能工作，应对功率控制电路输出的信号进行检测，以免发生误判。

11.3.3 微处理器控制电路故障检修

手机电路中，微处理器控制电路起着中枢、核心的作用，它使手机各部分电路按照事先安排的程序，按部就班、协调一致地工作。除了硬件（CPU、存储器、I/O 控制电路等）组成强大的控制系统外，还需要大量的各种软件程序的支持，才能完成手机的接收、发射以及其他功能。如果由于各种原因使微处理器控制电路的软件程序出现错误、丢失，或元件出现故障，都会致使微处理器控制电路失去对手机各部分电路的控制能力，从而出现各种各样的故障。

其基本电路包括电源供电、复位信号和时钟信号，它们是微处理器（CPU）正常工作必须具备的三个条件。其中任何一个条件不满足要求，CPU即停止工作。微处理器控制电路也停止工作，手机内部的其他电路也不可能工作，使手机产生不开机的故障。

（1）电源供电

CPU电源供电由电源提供，一般分为两路、三路或多路电源提供给CPU。检修时可采用强制开机的方法使电源电路工作，然后再用电压测量法测量各路供电电压是否符合要求。若供电电压正常，说明CPU供电电路无故障；若供电电压为0或不符合要求，说明CPU供电电路出现故障，应检修电源电路。

（2）复位信号

复位信号是由复位电路将电源电压延时1ms左右所得到的电压，用于CPU内部各电路的清零复位。由于延时太短，很难用仪器测量出来复位信号，只能通过测量是否有复位电压来判断复位电路有故障。若经全面的检查后怀疑复位电路有故障，可更换复位电路中的延时电容或复位IC。

（3）时钟信号

时钟信号可以用示波器进行测量，通过检测有无信号波形来检查是否为CPU提供了时钟信号。测量时需注意，除了测量13MHz系统时钟信号外，还要测量32.768kHz实时时钟信号是否正常。

若经测量基本电路关键点电压、信号及波形均正常，而手机不开机，说明故障是由微处理器控制电路出现故障引起的；若测量基本电路关键点电压、信号及波形不正常，手机不开机，则说明故障在基本电路，与微处理器控制电路无关。

11.3.4　字符显示、振铃、振动电路故障检修

（1）字符显示电路

字符显示电路通过液晶屏或彩屏将手机的各种信息和工作状态显示出来，使用户通过显示信息了解手机当前的工作状态。如不显示、显示异常在手机故障中占较大比例。检测显示接口电路应注意各接线端的名称、用途以及各种测量数据。

显示接口的很多连接端输出的是脉冲信号，用示波器可看到脉冲信号的传输过程，从而能准确地判断出故障电路部位。

（2）屏显电路

屏显电路故障现象较多，主要表现为：

① 不显示

可能原因：

a．排线断、内连座焊点断裂；弹性簧片接触不良；b．显示屏损坏；c．显示接口元件损坏或连线断线；d．软件丢失或错误，硬件损坏。

② 大屏显示正常，小屏显示异常；或小屏显示正常，大屏显示异常

可能原因：

a．排线断、内连座焊点断裂；b．显示屏损坏；c．软件丢失或错误，硬件损坏；d．显示接口元件损坏；e．翻盖检测电路故障，引起大屏不显示。

③ 花屏

可能原因：

a．排线断、内连座焊点断裂、连线断线；b．显示屏损坏；c．软件丢失或错误；d．硬件 CPU 损坏或虚焊。

④ 定屏

可能原因：

a．软件丢失或错误；b．硬件 CPU 损坏或虚焊；c．和弦音乐 IC 损坏。

（3）振铃电路

振铃电路故障主要是不振铃。检修时，首先检查菜单是否置于振铃位置，若手机在振铃位置仍不振铃，用一部正常手机或固话拨打该机，将振铃拆下，同时用示波器测量振铃信号的输出脚，若有 4～5V 的波形输出，则振铃损坏；若信号波形小，说明供电电压不对；若无输出，一般为振铃信号输出电路损坏或虚焊。

图 11-16 为诺基亚 5110 手机振铃电路图。振铃信号是从 CPU

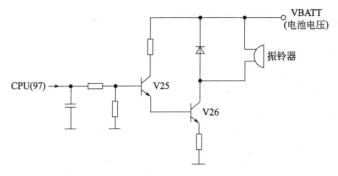

图 11-16　诺基亚 5110 手机振铃电路

的 97 脚经过内部插口的 9 脚送到前板，经两级放大后，推动振铃
器工作。

（4）振动电路故障

振动电路由振动器、驱动电路组成，其控制信号来自 CPU 或
和弦音乐 IC。图 11-17 为夏新 A6＋手机振动电路。

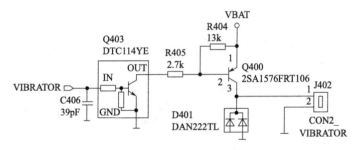

图 11-17　夏新 A6＋手机振动电路

检修振动电路的关键点是 VBAT 电压和 VIBRATOR 端电压，
振动时 VIBRATOR 端电压为 2.8V，无振动时为 0V。

若测量电源电压供电电压为 0V，应查电源供电线路是否有虚
焊或断线故障；若测量 CPU 输出控制信号电压为 0V，应检查
CPU 输出控制是否有虚焊或断线故障；若测得的电源电压供电电
压和 CPU 输出控制信号均正常，应检查振动器、驱动 IC、驱动三
极管和外围器件是否损坏。

11.4 示波器检修手机实例

维修实例 1

故障现象：一部爱立信 T28 手机，不能开机。

故障分析与检修：

接稳压电源，电流表有 20~40mA 的电流摆动，然后掉到 0，测电源模块 N700 输出电压正常，用示波器测 13MHz 时钟信号，没有。更换 13MHz 时钟晶振，仍不能开机，加焊中频 IC N234 后，故障排除。

维修实例 2

故障现象：一部爱立信 T18 手机，不能关机。

故障分析与检修：

爱立信 T18 手机关机电路如图 11-18 所示。

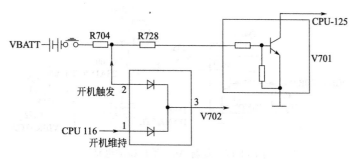

图 11-18 爱立信 T18 手机关机电路原理图

手机开机后，CPU 的 125 脚上升为高电平，成为关机监视状态和电源开关键的动作检测状态。手机在开机状态下，若电源开关键被按下并保持足够的时间时，一个关机触发脉冲到达 V701 的基极。V701 的集电极电压下降，关机信号被送到 CPU 的 125 脚。逻辑电路检测到该信号后启动关机程序，若得到软件支持，CPU 的 116 脚开机维持高电平被撤销，各电压调节器的触发端电压下降，使电压调节器不能保持电源输出，手机完成关机。

按下关机键，用示波器观察 CPU 的 125 脚为低电平，检查 CPU 工作正常，再查 V701 损坏，更换同型号的 V701 后，故障排除。

维修实例3

故障现象：一部三星 T108 手机摔后不开机。

故障分析与检修：

接稳压电源，按开机键电流上升至 100mA 下降。如图 11-19 所示，测 13MHz 时钟晶振无任何信号，更换 13MHz 时钟晶振故障排除。

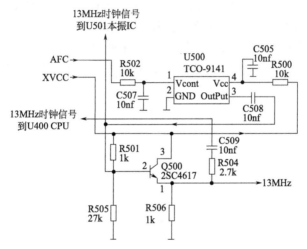

图 11-19　一台三星 T108 手机 13MHz 时钟振荡电路

维修实例4

故障现象：一部松下 G450 手机来电无振铃。

故障分析与检修：

拨打该机时，用示波器测量振铃信号的波形，发现仅为 0.5V，正常应为 5V。用万用表测量振铃无供电电压，由于手头无该机型的原理图，根据振铃电路的原理，试将振铃的一端直接接至电池供电输出的正极，通电拨打，发现铃声正常。

维修实例5

故障现象：一部诺基亚8850手机不开机。

故障分析与检修：

按开机键后，电流保持在20mA左右。用万用表分别测量逻辑电路供电 V_{CORE}、V_{BB} 电压均正常。再用示波器测微处理器 D200 的 PURX 信号亦正常。再测 13MHz 时钟信号，该信号由 G830 模块（26MHz）产生后，送至双工模块 N505，在其内部分为两路：一路作为基准频率送到本振频率合成电路，用于控制产生准确的本振信号；另一路在 N505 内经 2 分频，产生 13 MHz 的时钟信号。此信号从 N505 的 E4 脚送出，经 V800 进行放大后，作为系统时钟送至中央处理器 D200。在 C834 处未测得 13MHz 时钟信号，再测 26MHz 晶体的供电正常，怀疑 G830 损坏。更换 G830 后，开机正常。

第12章 示波器检修电磁炉

用示波器可以检测出电磁炉中各关键元器件的信号波形，根据信号波形可快速地判断出故障范围或部位。在学习使用示波器检修之前，我们先了解一下电磁炉的基本结构、工作原理和信号流程。

12.1 电磁炉的结构和工作原理

电磁炉是一种新型的家用电器，可以对食物进行炒、炸、蒸、煮、炖等加工，在电磁炉工作过程中可控制其火力的大小，操作十分方便。与传统灶具相比，电磁炉具有热效率高、安全性好、清洁卫生、烹饪效果好、费用低廉等优点。

不同品牌电磁炉电路板和主要部件的连接方式和结构也不相同，但无论结构怎么变化，电磁炉的基本工作原理都是相同的。

图 12-1 为电磁炉加热原理示意图。电磁炉主要是利用磁场感应涡流加热原理，当电流通过线圈产生交变的磁场，在锅具底部反复切割变化，当磁场内的磁力线通过铁质锅的底部时，会产生涡

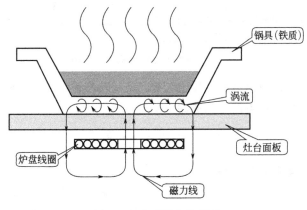

图 12-1　电磁炉加热原理

流，涡流与磁感应强度成正比，与交流电频率的平方成正比。因此，电磁炉要达到一定的热交换功率，必须有能产生高磁感应强度的交变磁场线圈，还必须提高交流电的频率以提高涡流功率。

图12-2为典型电磁炉的构成方框图，该图主要将电磁炉中各部分电路的功能以及它们之间的联系表现出来。

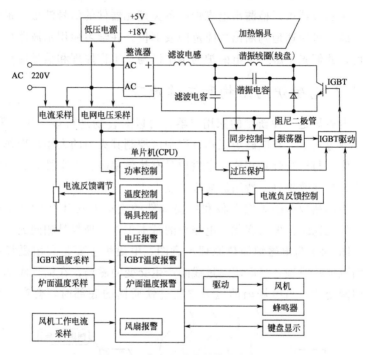

图 12-2　典型电磁炉的构成方框图

电磁炉的电路部分主要由电源供电及功率输出电路、检测控制电路、操作显示电路等构成的。

12.2 电磁炉的电路功能和组成

12.2.1 电源供电电路

电磁炉都是由交流220V市电提供电能的，炉盘线圈需要的功率较大，市电220V、50Hz的电压经桥式整流电路变成＋300V的直流电压，为炉盘线圈和门控管供电。与此同时，交流 220V 经降压变压器降压后，再经过整流滤波电路输出直流 5V、12V 等电压，为控制电路和低压元器件提高所需的工作电压。炉盘线圈及谐振电容在门控管的控制下形成高频电压谐振并产生脉冲电流，通过线圈的磁场与铁质锅具的作用转换成热能。

12.2.2 检测控制电路

电磁炉是靠磁场的能量转换给锅具加热的，其工作状态必须由专门的器件进行检测，然后进行自动控制。虽然各生产厂商生产的电磁炉电路结构不尽相同，但主要的检测电路和控制电路功能是相同的。

12.2.3 操作显示电路

操作显示电路主要为微处理器输入人工指令，对电磁炉的工作状态进行控制，并通过显示屏或指示灯显示此时电磁炉的工作状态。

操作显示电路主要由操作按键（或开关）、微处理器、输出接口电路和显示电路等构成。它的功能是由操作按键（或开关）输入人工指令，并由数据线将人工指令信号输送到控制电路中，经过控制电路处理后对电磁炉进行开/关机、电磁炉火力选择、定时操作等控制。

微处理器收到人工指令后根据内部程序输出控制信号，通过接口电路分别控制脉冲信号产生电路，进行脉宽调制信号的设置（功率设置）、风扇驱动等。同时，微处理器将电磁炉的工作状态变成驱动信号，驱动显示电路的发光二极管显示工作状态、定时时间以及火力等。

12.3 电磁炉的信号流程

电磁炉的信号流程可分为主电路信号流程和检测保护电路信号流程。主电路是电磁炉能够工作的基本电路，为了保证主电路安全工作，需要检测保护电路对主电路进行监控。

图 12-3 为电磁炉的整机信号流程框图。

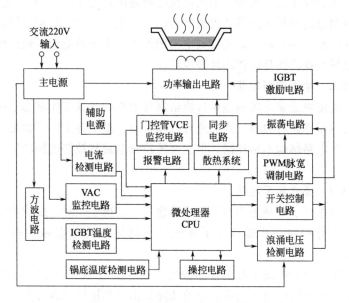

图 12-3　电磁炉的整机信号流程框图

12.3.1　主电路信号流程

市电交流 220V 进入电磁炉电路后分为两路：一路经过高压整流滤波电路形成直流＋300V 电压送入功率输出电路（图12-4）；另一路经过降压和低压滤波电路生成直流 5V、12V 等电压，送入微处理器控制电路及其他电路模块中，使其能够正常工作。

微处理器控制电路接收操作显示电路送来的人工指令，经

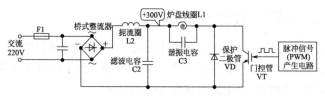

图 12-4　典型电磁炉的工作原理

过逻辑处理分别送至同步振荡电路和 PWM 调制电路控制信号，然后由 IGBT 驱动电路进行放大处理，经放大处理后的驱动信号送给功率输出电路中的 IGBT 管，使炉盘线圈产生高频振荡电压，炉盘线圈产生交变的磁场，通过线圈的磁场与铁质锅具的作用转换成热能。

12.3.2 检测保护电路信号流程

电磁炉主电路的四周还要多个检测保护电路，可对主电路进行控制。其中，市电交流 220V 进入电磁炉后，分别送入电流检测电路、电压检测电路、浪涌电压检测电路，经电流检测电路、电压检测电路处理后，将控制信号送入微处理器控制电路中，而浪涌电压检测电路送出的控制信号则送入振荡电路。

12.4 用示波器检测电磁炉单元电路

12.4.1 电源供电和功率输出电路的检测

电源供电和功率输出电路主要检测图 12-5 所示电路的降压变压器、加热线圈和 IGBT 管处的信号波形。

① 将示波器探头靠近降压变压器，正常情况下，可感应到脉冲信号波形。若可以感应到脉冲信号波形，说明降压变压器及前级电路是正常的；否则说明降压变压器或前级电路有

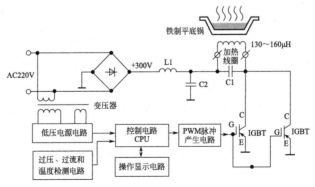

图 12-5　电源供电和功率输出电路的信号波形检测

故障。

② 在通电情况下，将接地线悬空，用示波器探头靠近加热线圈，正常情况下会检测出加热线圈感应脉冲信号波形。若可以感应到脉冲信号波形，则说明电源供电和功率输出电路正常；若感应不到脉冲信号波形，则说明该电路没有工作，应重点检查功率输出电路及其他相关电路。

③ 使用示波器对 IGBT 管（门控管）进行检测，在通电状态下，将示波器探头慢慢靠近 IGBT 管，在正常情况下，可感应出 IGBT 管的脉冲信号波形。通常情况下，探头越靠近门控管，脉冲信号的幅度也越大。若未检测到门控管脉冲信号，则应对其驱动信号进行检测。检测时将示波器的接地夹接地，探头搭在 IGBT 管的控制极（G 极）上，在正常情况下可检测出 IGBT 管驱动信号波形。

④ 若 IGBT 管无输出脉冲信号，但驱动信号正常，可能是 IGBT 管损坏；若 IGBT 管输出脉冲信号和驱动信号都不正常，则应对 IGBT 驱动电路及相关电路进行检测。

12.4.2　控制电路的检测

对于控制电路的检测，主要可利用示波器对微处理器和电压比较器的引脚输入/输出信号进行检测，从而来判断故障范围或部位。

（1）微处理器的检测

图 12-6 是九阳 JYC-22F 电磁炉的微处理器控制电路。该微处理器的型号是 TMP87PH46N。这种微处理器的引脚比较多，规模都比较大，其功能也比较强。

从结构上看，微处理器的 42 脚（V_{DD}）为电源供电端。18 脚是复位信号的输入端。19、20 脚外接晶振，为微处理器提供时钟振荡信号。AIN0～AIN3（23～26 脚）是传感信号的输入端。其中 26 脚是灶面温度检测输入端，当炉盘温度过高时便会给微处理器的 26 脚送入一个信号，26 脚检测到该信号后，就会使整机处于

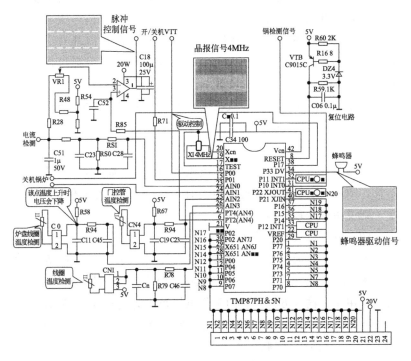

图 12-6　九阳 JYC-22F 电磁炉的微处理器控制电路

待机状态。25 脚是门控管的温度检测端，门控管的温度过高，也
会使整机处于保护状态。23 脚是整机的电流检测端，主要用于炉
盘线圈的电流检测。一般微处理器具有一定的自我调节功能，如果
检测到的电流过大，超过自动调节的功能后就会进入保护状态。24
脚是交流 220V 电压的检测端，如果电压过高且高过 250V 时，整
机就会进行保护；同样，电压过低且低于 160V 时，整机也会进行
保护。另外，27 脚是温度传感器传来的信号，31 脚是锅质信号的
检测端，微处理器可根据送来的锅质检测信号（锅的厚薄、大小
等）自动地对功率进行调整。

微处理器的 6 脚是脉宽调制信号的输出端。该型号的微处理器本身就可产生脉宽调制信号，因此就不需要单独的脉宽调制信号产生电路了。若 23~26 脚及 31 脚的检测信号失常，微处理器内部就可将脉宽调制信号关断，或者在其内部对脉宽调制信号的宽度进行调整，进行功率设置。这些过程都可以在微处理器内部完成。

微处理器的 15 脚是开/关机的输出信号端，它直接输出整个电磁炉的开/关信号，也可通过 15 脚输出信号控制实现对整机的保护。

检修时，可根据检测部位的电压值和波形，如实测结果与图中不符，则说明有故障，应检查相关的元器件。若检测的信号均不正常，则说明微处理器损坏。

（2）电压比较器的检测

电磁炉常用的电压比较器有 LM324、LM393、LM339 等。

图 12-6 所示电路中，LM393 内设两个完全相同的电压比较器，采用差分输入方式。它的工作电压范围为 2~36V，它有 DIP-8 双列直插 8 脚 SOP-8（SMP）两种封装形式。它的内部结构如图 12-7 所示。LM393 引脚功能如表 12-1 所示。

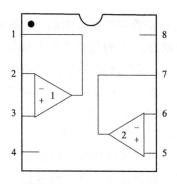

图 12-7　电压比较器 LM393 的内部结构示意图

表 12-1　LM399 的引脚功能

引脚号	引脚名称	引脚功能
1	OUT1	电压比较器 1 输出
2	IN1−	电压比较器 1 反相输入端
3	IN1+	电压比较器 1 同相输入端
4	GND	接地
5	IN2+	电压比较器 2 同相输入端
6	IN2−	电压比较器 2 反相输入端
7	OUT2	电压比较器 2 输出
8	V_{CC}	电源

　　除了集成电路 LM393 外、LM339 在电磁炉电路中使用也较为广泛。LM339 内设四个完全相同的电压比较器，它有 DIP-14 双列直插 14 脚 SOP-14（SMP）两种封装形式。

　　LM339 内置的四个比较器可根据设计人员的思路应用，灵活应用，引脚功能随机而定，但组成的各功能电路格式大同小异。内比较器作各功能电路一般规则如表 12-2 所示。

表 12-2　LM339 内比较器典型应用

序号	功能应用	一般规则
1	作驱动器	输出端接驱动管基极或 TA(D)8316 驱动块 1 脚，"＋、−"输入端分别接基准电压、振荡驱动脉冲输出
2	作振荡器	方式 1："−"输入端与地之间参数为"222"或 151 电容、与输出端接有二极管（负极接输出端），"＋"输入端为基准电压（通过电阻接直流电源）或 PWM 控制、输出端接驱动电压比较器的"−"输入端； 方式 2：输入端与同步控制输出端之间参数为 222 电容，与＋5V 电源接有并联的电阻和二极管；＋输入端接 PWM 控制电压；输出端接驱动（脉宽调整）电压比较器的"−"或"＋"输入端、驱动管基极、TA8316 的 1 脚
3	驱动脉宽调整器	"−"输入端接振荡电容锯齿波形成端，"＋"输入端接 PWM 控制电压、输出端接驱动电压比较器的输入端或驱动管基极、TA8316 的 1 脚
4	做同步控制	"＋"、"−"输入端通过大电阻（100kΩ，0.5～2W）分别接线盘两端，输出端接振荡电容或接振荡器/驱动器"−"输入端、输出端

序号	功能应用	一般规则
5	（功率管 C)过压保护	"＋"输入作基准电压(两电阻对直流电源分压而成)，"－"输入端通过大电阻(100kΩ,0.5～2W)接功率管 C，输出端接 PWM 控制
6	作浪涌电压保护器	"＋"、"－"两个输入端，一个接上下拉电阻作基准电压，另一个通过并联的电容和电阻接 220V 整流输出，输出端接加热开/关控制管或 PWM 控制
7	功率自动调整器	"－"输入端接电流检测输出、"＋"输入端通过大电阻接 220V 整流输出或 PWM 控制，输出端接 PWM 控制、加热开/关控制管、CPU 的 INT 脚
8	作＋300V 过压保护器	"＋"输入端接基准电压，"－"输入端通过大电阻接整流输出＋300V 电源，输出端接 PWM 控制、或驱动管基极或 TA(D)8316 驱动块 1 脚、CPU 的 VOL(VAC、VIN)脚
9	加热开/关控制	"＋"输入端接上下拉电阻作基准电压，"－"输入端接 CPU 开/关控制脚，输出端接驱动(脉宽调整)电压比较器、或驱动管基极或 TA8316 的 1 脚
10	作温度异常保护器	"＋"输入端接上下偏置电阻作基准电压，"－"输入端接炉面或功率管传感器，输出端接 CPU 或驱动管基极、TA8316 的 1 脚

在不同的电磁炉中，由于 LM339 的引脚信号可能不同，应与电路图对应检测。下面以图 12-8 为例介绍利用示波器对电压比较器 LM339 的引脚信号波形进行检测。

电压比较器 LM339 的 2 脚输出 PWM 调制信号去驱动 IGBT 管。用示波器检测时，将接地夹接地，探头接在电压比较器的 2 脚上，正常情况下可检测出 PWM 调制信号波形。若没有检测出 PWM 调制信号波形，则应检查电压比较器的供电电压是否正常。若供电正常，则说明电压比较器损坏；若供电不正常，则说明直流电源电路发生故障。

电压比较器 LM339 的 4 脚输入锯齿波信号。正常情况下，可用示波器检测到相应的锯齿波信号波形。若检测到的信号不正常，应对同步振荡电路及相关电路进行检测。

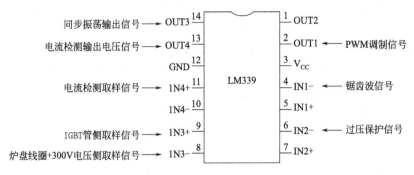

图 12-8　电压比较器 LM339 检测点

电压比较器 LM339 的 6 脚为过压保护信号的输入端。正常情况下，可以示波器测得该脚的信号波形。

电压比较器 LM339 的 8 脚为 220V 整流输出＋300V 电压侧取样信号输入端。正常情况下，也可用示波器测得该脚的信号波形。

电压比较器 LM339 的 9 脚为 IGBT 管侧取样信号输入端。检测时，探头搭在 9 脚上，接地夹接地，可检测到该脚的信号波形。

电压比较器 LM339 的 11 脚为电流取样信号输入端。若用示波器测得信号不正常，应对电流检测电路中的电位器及功率输出电路中的电流检测变压器进行检测。

电压比较器 LM339 的 13 脚为电流检测信号输出端。若用示波器检测到的信号不正常，说明电压比较器 LM339 损坏，需对电压比较器的供电电压及引脚对地阻值进行检测。

电压比较器 LM339 的 14 脚为同步振荡信号输出端。若用示波器测得该脚信号不正常，需对电压比较器的 8、9 脚信号进行检测，以判断电压比较器是否损坏。

12.4.3　脉宽调制（PWM）信号输出电路检测

由于电磁炉的功率管采用 PWM 驱动方式，而形成 PWM 的前提是必须有锯齿波脉冲，只有在该信号的作用下才能形成 PWM 激励脉冲。振荡器就是用于产生锯齿波脉冲而设置的。

脉宽调制（PWM）信号输出电路就是利用振荡器输出的锯齿波脉冲作为触发器信号，再与功率调整信号（直流电压）比较后，产生占空比可调的激励脉冲信号（即调宽脉冲）。

图 12-9 为典型的脉宽调制（PWM）信号输出电路（百合花 DCL-1）。电路中，＋12V 直流电压经 R26、R42 构成的分压点，将锯齿波振荡电路 9 脚的电压稳定住。锯齿波振荡电路的 8 脚与电压比较器 IC1（脉宽调制电路）的 6 脚相连，电压比较器 IC1 的 6 脚外接电容 C28。打开电源，＋12V 电压经 R44、R43 对电容 C28 充电，充电的过程中会使电压比较器 IC1 的 6 脚和锯齿波振荡电路的 8 脚的电压由低到高发生变化。当锯齿波振荡电路的 9 脚电压

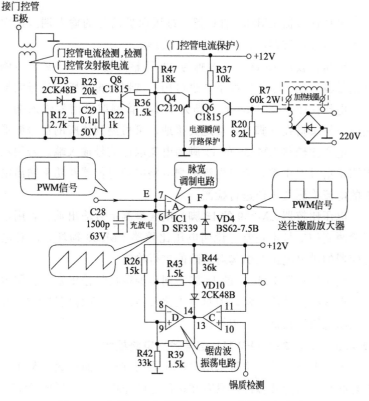

图 12-9　典型的脉宽调制（PWM）信号输出电路

高，8 脚电压低时，锯齿波振荡电路 14 脚输出的电平是高电平，二极管 VD10 截止。在开机瞬间，由于向电容 R28 充电，所以锯齿波振荡电路 8 脚电压会升高。当 8 脚电压高于 9 脚时，14 脚输出的电平就会翻转，即从高电平变成了低电平。二极管 VD10 随之导通。VD10 导通后，由于 14 脚电压为 0V，电容 C28 要通过电阻 R43、二极管 VD10 对地进行放电。随着电容 C28 放电，锯齿波振荡电路 8 脚的电压迅速下降，当 8 脚电压又低于 9 脚电压时，14 脚的输出变成高电平，二极管 VD10 便会截止。此时，+12V 电压又会重新对 C28 充电。所以，电压比较器的 6 脚就形成了锯齿波信号。

锯齿波信号由 6 脚送入，同时等间隔的脉宽调制信号由 7 脚送入，这两个信号在电压比较器中进行比较，即如果锯齿波电压在上升过程中超过 7 脚电压，电压比较器 1 脚输出的信号就会发生变化，其输出的将不再是等间隔的脉宽调制信号，它的脉宽就会受锯齿波信号上升斜率的控制。因此，通过锯齿波信号和等间隔的脉宽调制信号相比较，电压比较器就可输出一个可控的脉宽调制信号。该信号送往激励放大器，然后再去驱动门控管，使门控管导通和截止的时间得到了控制，从而使加热线圈发出的功率收到控制。

12.5 示波器检修电磁炉实例

维修实例 1

故障现象：一台尚朋堂 16 系列电磁炉通电后，风扇不转。

故障分析与检修：

该机型的 CPU（U4）工作部分电路如图 12-10 所示。

首先用示波器测量 CPU（U4）的 12 脚有无 5V 电压，如果正常，再用示波器测量 CPU 的 4 脚有无 SB 信号（待机控制信号）输出。

若 5V 电压、SB 信号均正常，检查稳压电源电路，如图 12-11 所示。变压器绕组有无断路现象，驱动管 VT5 有无击穿或断路，

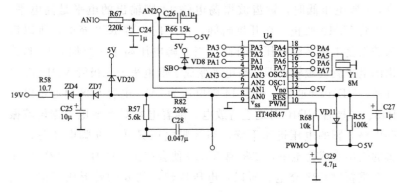

图 12-10　CPU 工作部分电路图

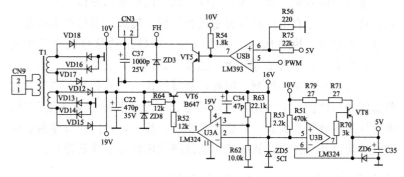

图 12-11　串联型稳压电源电路

检查 U5 是否损坏，稳压管 ZD6、ZD5 是否击穿。可将上述相关器件检测更换后即可排除故障。

维修实例 2

故障现象：一台尚朋堂 16 系列电磁炉开机后，指示灯闪烁且不能加热。

故障分析与检修：

如图 12-10 所示，首先用示波器检查 CPU（U4）的 4 脚（待机控制信号输出 SB）和 10 脚（脉冲宽度调制信号 PWM）是否正常。在正常情况下，SB 信号应在 0～5V 之间跳变，PWM 信号在

1.9V～2.0V 之间跳变。如果两个信号都不在该范围内跳变，则说明不正常。这时应检查这两组信号的 CPU 以及 C29、U2A、R27、U1D、R32。将有故障的元器件更换后即可排除故障。

如果 SB 信号和 PWM 信号均正常，应检查 VD2～VD5 两端电压是否正常，如图 12-12 所示。在正常情况下，VD2、VD3 的负极应有 16V 电压，VD4、VD5 的负极电压应在 0～16V 之间跳变。如不正常，检查 U1、VD2～VD5。

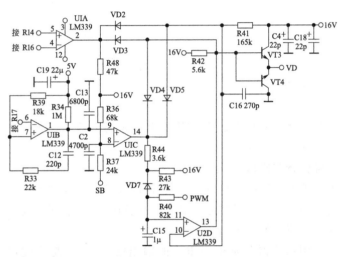

图 12-12　检测二极管电路

如果上述信号和二极管均正常，应检查 U1 的 4、5 脚电压。当 U1 的 4 脚有 2.3V 电压，5 脚有 2.4V 电压输出时，说明正常。如不正常，可检查 R14、U1、R19～R25、C11、R17。

检查 VD 开关控制信号（VT3、VT4 的发射极产生 VD 信号），图 12-13。正常情况下，该信号应在 0～2.5V 之间跳变。如不正常，可检查 VT3、VT4、C16、ZD1、IGBT 是否不良。

检查锅具温度检测电路和 U3（LM324）是否不良。如不正常，可断开 R87 判断其好坏。若断开 R87 后故障排除，则说明 LM324 损坏，需更换 LM324。

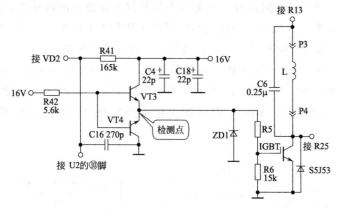

图 12-13　检测开关控制信号电路

维修实例3

故障现象：一台百合花 DCL-1 电磁炉通电后不能加热，指示灯不亮且伴有报警声。

故障分析与检修：

电磁炉通电后指示灯不亮，说明温度控制电路有故障。不能加热且有报警声，说明保护电路动作，检修时，应重点检查电磁炉的各种保护电路，如图 12-14 所示。

（1）用示波器分别检查 IC3 的输出端 1、7 脚是否输出为高电平。

若 1 脚输出高电平，说明电磁炉的锅具温度检测电路出现故障，应检查 K2 的触点是否出现油污而漏电、R108、RT2、C25、R64、R65、R66 是否损坏。如上述元件检查均正常，则说明 IC3 损坏，需更换。

若 7 脚输出高电平，则说明机内温度控制电路出现故障。通电检查风扇是否运转正常。若风扇不转或转速较慢，应检查风扇电机的绕组。若风扇运转正常，则应检查负温度系数的热敏电阻 RT1 是否损坏。如果 RT1 正常，再查 R74、R76～R78、C20、VD22 是否正常，检查更换损坏的元器件。若上述元器件均正常，说明

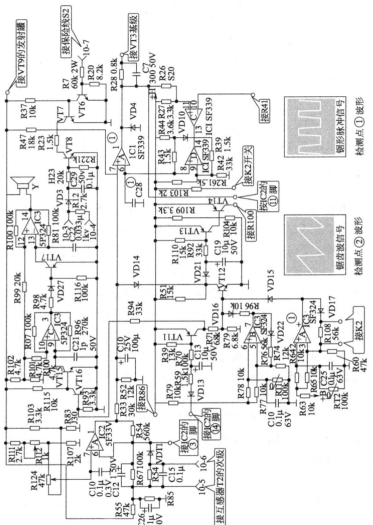

图 12-14　百合花 DCL-1 电磁炉保护电路

IC3 损坏，需更换。

（2）若测得的 IC3 的输出端是低电平，则应检查 VT6 是否截止，即检查 VT6 的集电极电压是否为 12V。若 VT6 的集电极电压正常，再检查 VT6 及 R7 是否存在开路故障。若检查 VT6 及 R7 均正常，应进一步检查 300V 滤波电容 C2 和桥式整流堆 DB1 是否正常。若 C2 和 DB1 都正常，则应在未加载的情况下，检测 DB1 整流后的电压（+300V），确定是否是因为市电过低引起保护电路动作所致。

若确定 VT6 未截止，应进一步检查 VT8 是否导通，即 VT8 的集电极电压在 1V 左右。若 VT8 导通，则说明故障是由于过流保护引起的，应重点检查 IGBT 是否损坏。

（3）若 VT8 未导通，应进一步检查 IC1 的同相输入端 7 脚电压是否为低电平或小于 6 脚的电压。若 IC1 的 7 脚电压小于 6 脚电压，则应检查 VT12、C16 和 C10 是否击穿、R47 是否开路等。若 IC1 的 7 脚电压高于 6 脚电压，而 IC1 的 1 脚输出低电平，则应检查 VD4 是否正常，若 VD4 正常，说明 IC1 损坏。

（4）若上述检查均未发现异常，可用示波器检查 IC1 的 6 脚有无锯齿波电压。若没有锯齿波电压，应重点检查 C28、R26、R42、R44、VD10 等振荡电路的元件，更换相关故障元器件即可排除故障。

若 IC1 的 6 脚有锯齿波电压，应检查 IC1 的 1 脚有无矩形脉冲信号输出。若没有，则可确定 IC1 损坏。若波形正常，则 IC1 的 1 脚后面的脉冲信号放大及功率开关电路中有元器件损坏，重点检查 VT1～VT5 与它们之间的偏置电路、IGBT 或 C3 是否损坏。检查、更换故障元件即可排除故障。

维修实例4

故障现象： 一台美的 C21-ST2101 型电磁炉，通电放锅具后，在加热中伴有"吱吱"的响声，但加热功能正常。

故障分析与检修：

该电磁炉能加热，说明主电路基本正常，故障范围在高低压供电电路、电网电压检测电路、浪涌保护电路、高压检测电路及同步比较电路。

打开电磁炉前后壳，将加热线圈盘固定螺丝卸开，发现右侧的固定脚立柱有裂痕。取下显示灯板及排风电扇插排线，并让电磁炉处于待机状态。用示波器测量高低压供电电路对地电压分别为305V、18V、5V，均正常。再测电网电压检测电路的 V＋，即单片机 IC1 的 10 脚（同相输入端）对地电压为 3V，正常，测浪涌保护电路的 V＋取样，即 IC1 的 1 脚（同相输入端）对地电压为1.1V，正常。测高压检测电路的 V＋取样（IC1 的 18 脚，同相输入端）对地电压为 1V，正常。测同步比较器比较电路 V－取样（IC1 的 19 脚，反相输入端）对地电压为 3V，正常。测 V＋取样（IC1 的 20 脚，同相输入端）对地电压为 3.2V，正常。此时维修陷入困境，对电路仔细分析，如图 12-15 所示，最后断定为主电路中存在自激所致。

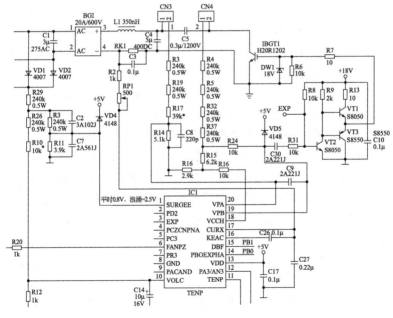

图 12-15　美的 C21-ST2101 型电磁炉主电路板

用电烙铁对主电路板的贴片电容器逐一进行补焊，结果发现同步电压比较电路 IC1 的 20 脚对地旁路电容 C8（220pF）开路。由于该机受到严重撞击，致使加热线圈盘固定立柱及 C8 断裂，导致电磁炉同步电路产生自激。将 C8 更新后，通电试机，故障排除。

需注意的是，C8 容量不宜太大，否则电磁炉将出现报警不加热。

维修实例5

故障现象：一台美的 MC-SH2112 型电磁炉通电后有初始化动作，按下轻触开关按钮，机器可以启动，但是有"滴滴"报警声，不加热。LED 数码管没有故障代码，而是显示定时的时间，且定时时间可调。

故障分析与检修：

该机表面较新，打开外壳，发现机器内部保养得较好。拆下机器的前面板，PCB 上清楚地印有"YK-MC-SH2112-DSP"的板号。仔细检查面板各按钮以及各 LED 发光二极管，均未见异常。该机的 MCU 主控制块是一片 DIP-28 封装的双列直插式 IC，贴纸型号标有 MC-SH2112T（V.1）字样，11 脚为 IGBT 驱动端。用示波器测量 MCU 主控制块的 11 脚到 IGBT 功率管的控制极 G 端，有正常驱动的波形信号，说明 MCU 主控制部分电路工作基本正常。由此可见，故障的原因不在前面板部分而应该在主电路板部分。

拆下机器的主电路板，发现同样印有"MC-IH-MOO VER：Y1.2"的板号。该机型采用了一块 LM339 四比较器集成电路。找来一台正常工作的同型号电磁炉，用示波器对 LM339 集成电路工作时各引脚的电压值进行测量，再对该故障电磁炉进行对比测试，发现该 LM339 芯片的 1 脚和 7 脚的电压值均为 0V，而正常工作的电磁炉的 LM339 的 1 脚约为 5V，7 脚约为 3.6V。显然，故障电磁炉的 LM339 外围电路有问题。

LM339 的 1 脚为（OUT2）输出端，7 脚为（IN2＋）同相输入端。顺着 PCB 板上的线路查找，7 脚是通过 R13、R14、R15

（240kΩ）这几只高阻值电阻连接到 IGBT 大功率管电路进行取样。测量 R13～R15 电阻，除了 R15 正常外，R13 为无穷大，R14 增大为 390 kΩ。用同阻值同功率的电阻代换 R13、R14 后，复测，LM339 的 1 脚为 4.9V 左右，7 脚为 3.6V 左右，表明电路已经工作正常了。

将电磁炉装配好，放上锅具，通电，开机，"滴滴"报警声消失，故障排除。

维修实例6

故障现象：一台万利达 MC18-F7 型电磁炉，开机一切正常，但 3～5 分钟后就自动关机。休息一段时间后，再开机仍如此。

故障分析与检修：

电磁炉自动关机故障一般是由于 IGBT 温度检测电路、锅具温度检测电路、电压检测保护电路及过零检测电路等异常导致保护动作而引起的。

遵循先易后难的原则，首先检测 IGBT 温度检测电路如图 12-16（a）所示，测得 R19 和 C22 均正常。再用电烙铁对热敏电阻 RT1 进行加热，观察其阻值变化是否正常。经检查 RT1 正常，接着检测锅具温度检测电路见图 12-16（b），经检测 RT2、R1、C2、R2 等元件均正常。经以上检测，说明 IGBT 温度检测电路及锅具温度检测电路正常。然后对过零检测电路进行检测，如图 12-16（c）所示，用示波器测量 CPU 的 12 脚波形，其正常波形如图 12-16（d）所示，所测得波形峰峰值很小，说明过零检测电路有问题。

过零检测电路的主要作用是检测电网电压中的正半周与负半周的过渡。该电路的工作原理是：当交流电网电压处在上半周或下半周时，电网中的脉冲电压经电阻 R18、R5 分压，再经 R4 加到 CPU 的 12 脚上。当 VD3 阳极电压大于 5.7V 时，VD3 导通，而小于 -0.7V 时，VD4 导通。这样就形成了与电网电压同步的脉冲信号，见图 12-16（d）。该脉冲送至 CPU，由 CPU 输出相应的控制信号使电磁炉在不同的状态下工作。

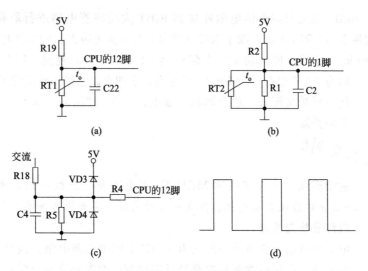

图 12-16　万利达 MC18-F7 型电磁炉检测电路

测得 R18、C4、R5、R4 等元件都正常，当用同规格（IN4148）二极管替换 VD4 时，故障现象消失，机器工作能正常了。这说明该故障是由于 VD4 热稳定性不良引起的。

第13章　用示波器检修 DVD 机

DVD 视盘机是 VCD 视盘机的升级换代产品，是新一代全数字化激光视盘机，采用的关键技术主要有高密度的数字记录技术、短波长激光技术、高效率的 MPEG-2 编码技术等。

13.1 DVD 视盘机的电路结构和工作流程

13.1.1　DVD 视盘机的结构

DVD 视盘机（简称 DVD 机）与 VCD 视盘机（简称 VCD 机）有许多相似之处。但是，DVD 视盘机的功能更加丰富，性能更为优异，电路也更加复杂。图 13-1 是 DVD 视盘机的典型电路结构。DVD 视盘机主要由机芯（包括激光头组件和机械部分）和电子电路两大部分组成。

（1）DVD 视盘机的机芯

DVD 视盘机的机芯和 VCD 视盘机相似，仍然是由光盘装卸机构、光盘旋转机构、进给机构和物镜及光学装置等组成。

（2）DVD 视盘机的电路

DVD 视盘机的电路部分由 RF 放大、伺服电路、DSP 信号处理电路、音频、视频 D/A 变换与模拟信号处理电路、电源电路等组成。

13.1.2　DVD 视盘机的信号处理

（1）激光头系统

DVD 机是在 CD 机、VCD 机的基础上，通过改进光盘物理结构和读取机构来提高记录密度、存储容量和传输速度的。为了兼容 CD、VCD 碟片，DVD 机采用了双镜头式激光头或双焦点式激光头。

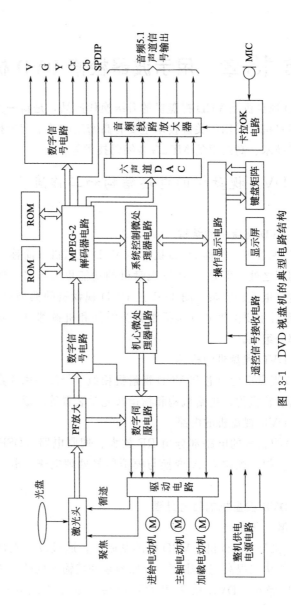

图 13-1　DVD 视盘机的典型电路结构

激光头从光盘上拾取的信号经 RF 放大电路放大混合，得到的 RF 信号输出到数字信号处理电路中，进行 EFM（8～16 位调制）bit 的解调和纠错等处理后，送至 MPEG-2 解码器。

（2）MPEG-2 解码器

为了得到 DVD 信号，首先需要用 MPEG-2 编码器对视频图像信号进行编码和规定的压缩处理。MPEG-2 编码器和解码器几乎完成了整个数字图像处理的全部工作，所以编码器和解码器是进行 DVD 图像信号处理的核心。

① MPEG-2 视频解码器

该电路用以对送来的压缩图像数据信号进行解压处理，得到数据视频信号 Y、Cr、Cb 并送到视频编码器，视频编码器对数据视频信号进行处理，得到 PAL 制或 NTSC 制视频信号输出给后级电路。

② MPEG-2 音频解码器

MPEG-2 音频解码器对输入的声音数据进行杜比 AC-3 解码处理，得到的数字音频信号送到六声道（或两声道）DAC 电路进行处理，就可以输出 5.1 声道（或 L+R）的音频信号。

（3）视频与音频输出方式

① 视频输出方式

DVD 视盘机的视频输出方式有四种，即 AV 工作方式、S 视频输出、色差分量（Y、Cr、Cb）和三基色（R、G、B）输出方式。

② 音频输出方式

DVD 的音频处理属于 MPEG-2 数字音频方式。MPEG-2 音频可以重放 5 通道全频域的音频，即 L（左）、R（右）、C（中）、LS（左环绕）、LR（右环绕）。音频输出主要有 5.1 声道方式和 SPDIP 标准格式数码音频信号格式。

（4）伺服系统

DVD 视盘机的伺服系统与 VCD 视盘机大体相同，主要包括聚焦伺服、循迹伺服、进给伺服和主轴伺服电路。伺服系统的作用是确保读盘时，激光束焦点对目标信号纹迹的跟踪扫描。

（5）系统控制电路

DVD视盘机系统控制电路的核心是微处理器（CPU），系统控制电路主要用来输出控制信号和加载电机控制信号。一些DVD机型采用了专用的系统控制微处理器和机芯控制微处理器，还有一些DVD机的系统控制微处理器内置在解码集成电路芯片内，机芯控制微处理器设置在数字信号处理集成电路芯片内。

（6）操作显示电路

DVD视盘机的操作显示电路一般位于机器的前端，用户可根据需要按动相应的按键控制视盘机的工作状态。DVD视盘机的操作显示电路的作用是接收从按键来的信号，并将该信号通过数据线送至CPU，CPU根据该信号输出相应的操作指令，去控制机器进入相应的工作状态；同时，它也接收CPU送来的显示数据信号，处理成显示控制信号送到显示屏，让用户了解整机当前的工作状态。

（7）电源电路

DVD机的电源是将220V交流电压转换成多种直流电压，为其各种不同的电子元器件供电。DVD机的电源是根据各种元器件的需要而设计的，DVD机的品种、型号不同，厂家不同，各自设计的电路结构形式也不同，使用的电子元器件也是不同的。一些DVD机使用变压器降压和串联稳压方式，也有许多DVD机型采用开关稳压电源。

13.1.3 DVD视盘机的工作流程

下面以万利达DVD机（DVD—N980型）为例进行介绍。图13-2所示电路为它的整机电路组成方框图，该机主要由华录单束单镜双聚焦DVD机芯、RF放大电路、数字信号与数字伺服处理电路、DVD数字信号处理电路、MPEG-2音/视频解压电路、视频编码电路、音频DAC电路、系统控制电路、操作显示电路、电源电路等组成。

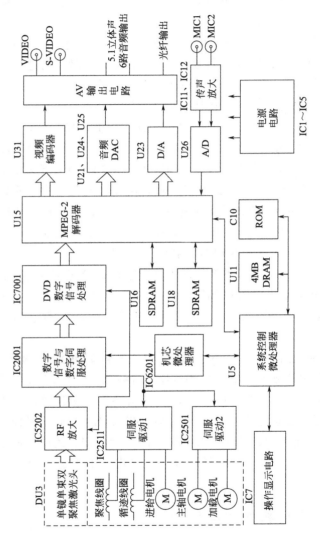

图 13-2 万利达 N980 型 DVD 机整机组成方框图

工作流程是：当光盘装载到位后，激光头识读的盘片类型信号经微处理器（IC6201）识别确认后，其输出信号送至伺服处理电路（IC2001），使其进入相应的 DVD 伺服方式，分别对主轴和聚焦伺服进行控制，激光头从光盘上读取的信息经 IC5202 进行 RF 放大和伺服预放处理。经伺服预放处理的聚集、循迹、进给与主轴误差信号再送入 IC2001 进行数字伺服处理，对各种机构进行伺服控制，以保证激光头准确地读取光盘信息。该信息经 IC5202 RF 放大后，送至 IC7001 进行解调处理。

对于播放 CD、VCD 光盘的数据流进行 EFM 解调与 CIRC 纠错，处理为 CD-ROM 格式的数据流。对于播放 DVD 光盘的数据流进行 EFM＋解调与纠错及地区码解密，恢复其 DVD 光盘格式的本来顺序。DVD-ROM 格式变换和接口电路将光盘上读出的数字信号按 DVD-ROM 格式形成数据流，再经 ECC 误差校正处理电路，由 IC7001 内的 ATAPI 接口处理成 8 位的数字信号，由 180、182、184～189 脚送入 MPEG-2 解码芯片 U15。

经 U15 解压后得到的 8 位视频数据按 PAL/NTSC（按光盘制式定）编码，送入视频编码器 U31，经 U31 内部 D/A 转换，从其 8、10 脚输出视频信号，从 12 脚输出色度信号，13 脚输出亮度信号。

U15 通过音频接口还将杜比 AC—3 解码并混成两声道、MPEG1/2 音频解码、MP3 解码还原的音频数据与 CD-DA 直通数据，分别从 161、163、164、165 脚输出，从 166 脚输出 LRCK（左、右通道选通时钟）信号、167 脚输出 BCK（串行位时钟）信号，一起送至 U21、U23～U25 音频 D/A 变换器，还原成模拟的音频信号，经 U27～U30 低通放大后输出 5.1 声道或双声道音频信号。

13.2 DVD 机的故障检修

DVD 机出现的故障既可能是外界因素造成的，也可能是由于整机内部电路不良造成的。机芯部分的工作过程是一个在微处理器控制下的程序控制、执行、信号监测的过程。各个程序的执行与否都由 CPU 根据检测到的信号而定。机芯部分负责激光头的识读、聚焦、循迹、进给及主轴伺服、电机和线圈驱动、数字信号处理和机构控制，这部分电路较易出现故障，约占总机故障的 70% 左右。

13.2.1 DVD 机单元电路的故障检修

（1）激光头故障的检修

激光头是一个集光学、磁学、电子与机械于一体的精密组件，是 DVD 机中读取信息的第一个部件。典型的 DVD 视盘机激光头电路方框图如图 13-3 所示。在激光头中，其任一部分失常均会引起 DVD 机不能进入工作状态。

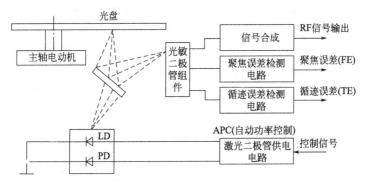

图 13-3 典型的 DVD 视盘机激光头电路方框图

激光头故障常表现为：不读盘故障；有时能读盘有时不能读盘的故障；DVD 机中途停机；DVD 机不工作；读盘不良故障。

当 DVD 机开始工作时，微处理器将启动控制信号送到驱动激光二极管的自动功率控制电路，于是有电流流过激光二极管，使之发射激光束。激光束经激光头中的光学系统后照射在 DVD 机光盘上。为了保证激光头发射的激光束强度稳定，在激光二极管组件中设有激光功率检测二极管，它是一个与激光二极管制作在一起的光敏二极管，将检测到的激光功率强弱信号反馈到自动功率控制（APC）电路。这个负反馈环路可自动稳定激光二极管的发光功率。

激光二极管及其供电电路不良，将会使激光头无激光束发出，读不出光盘信息，DVD 机便会显示"NO DISC"。激光二极管及其供电电路的检查方法如下。

① 装入光盘，激光头在进给电机的驱动下先移动到光盘信息的起始位置，到达该位置后，应有激光束从激光头的物镜中发射出来；即使不放入光盘，激光头也应有此动作，只不过不放光盘时因没有激光束反射到激光头，DVD 机便认为无盘而自动停机等待。利用上述方法可对 DVD 机进行操作，以判断激光头工作是否正常。

② 检查时，可将 DVD 机外壳打开，将激光头露出。操作出仓键时应有出盘动作，再在不装盘的情况下使托架进入机仓。当光盘托架到位后，激光头应有进给动作，然后有聚焦镜头的搜索动作。

在聚焦镜头的动作的同时，有红色激光束从激光头中发射出来（从侧面一定角度观察，不要直视）。如果没有激光束发出，说明激光二极管可能损坏或供电电路不良。

若聚焦镜头有上下搜索动作，但镜头中无激光束，则可能是激光二极管损坏。若能看到激光束，也仍有激光二极管老化的可能性。可微调激光二极管供电电路中的电位器，清洁物镜，再试运转。

③ 激光二极管的供电电路如图 13-4 所示。微处理器 4 脚输出的直流电压（3.6V）控制驱动管 VT_1，为激光二极管供电。正常情况下，VT_1 的集电极输出电压为 2.7V。检查 VT_1 的电压可以判断供电电压是否正常。DVD 机在停机状态时，微处理器 4 脚输出的直流电压 4.4V，VT_1 输出电压约为 0.2V，激光二极管不发光。在 DVD 机开始工作时，微处理器将启动信号送到相关集成电路，使 4 脚电压下降，控制 VT_1 为激光二极管供电。若有供电电压而激光二极管不发光，则说明激光二极管损坏。

（2）伺服电路故障的检修

DVD 机的伺服系统主要由聚焦伺服、循迹伺服、进给伺服和主轴伺服电路组成。装入光盘或空的托架进入机仓后，应先有进给动作，然后有聚焦搜索动作。若无进给动作，应重点检查进给电机

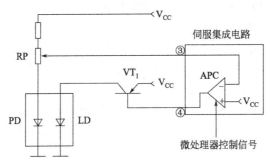

图 13-4　激光二极管的供电电路

及其传动机构，然后再检查进给电机驱动集成电路，检测的关键点是各引脚的直流电压。若无聚焦搜索动作，应检查聚焦线圈和驱动集成电路。

① 聚焦线圈的检测：若聚焦线圈出现故障，就无法实现聚焦调整，不能正确读取光盘上的信息，显示屏也会显示"NO DISC"信息，这时应检测聚焦线圈是否良好。

在一般情况下，使用模拟万用表最佳，可通过测量引脚焊点的阻值来判断聚焦线圈的好坏。在使用模拟万用表检测聚焦线圈时，其在正常情况下的阻值为 4.5Ω 左右，整个激光头有上下移动的现象。

② 循迹线圈的检测：若循迹线圈出现故障，DVD 机也会无法正确读取光盘上的信息，显示屏也会显示"NO DISC"信息，这时应检测循迹线圈是否良好。在使用模拟万用表检测循迹线圈时，其在正常情况下的阻值为 4.5Ω 左右，整个激光头有左右移动的现象。

（3）系统控制电路的故障检修

DVD 机不能启动，某些动作失常或操作失灵，都表明系统控制电路工作失常。引起系统控制电路失常，既有电源供电方面的原因，也有系统控制电路外围器件不良的原因，还有系统控制电路本身的原因。检修系统控制电路的步骤如下。

① 检查微处理器各引脚的直流工作电压，若测量的某脚电压

与标准值不符，应进一步检查外围电路。

② 用示波器检查振荡信号的幅度、频率和波形，应与标准值相符。若无振荡信号，应更换晶体元件后再进一步检查。

③ 检查复位电路。接通电源时，复位电路为微处理器提供复位信号，若无复位信号，微处理器会不工作或工作失常。

④ 检查微处理器的串行数据和串行时钟信号输出。这些信号都是幅度为 5V 的脉冲信号。若无此信号，则说明微处理器本身有故障。

⑤ 检查微处理器的传感信号输入端。若信号异常，应检查传感开关及接口电路。

(4) 视频电路的故障检修

在重放 DVD 视盘机碟片时，若伴音正常而无图像或图像异常，多是视频信号编码器及其相关电路有故障。

检修时，应先检查 A/V 解码器的数字信号输出端，看其是否送到视频编码器的信号输入端。A/V 解码器的视频接口是与视频编码器电路相连的。如这些引线中有短路或开路现象，就会使视频输出信号消失或失常。而视频编码器如果有故障，则必然会导致无图像或图像异常的故障。

(5) 音频电路的故障检修

有图无声的故障可能是音频处理电路出现故障造成的。DVD 机中的 RF 信号经 A/V 解码后分别输出视频信号和音频信号，若图像信号正常，说明音/视频信号公共部分及视频处理部分正常，故障大多发生在音频 D/A 变换器、音频放大器或音频接口电路等部分。

13. 2. 2 DVD 机的检修基础知识

(1) 检修前的准备及注意事项

为了保证 DVD 机与维修人员的安全，避免因操作不当而损坏机器，在检修前应注意以下事项。

① 检修人员应熟悉故障机的电路原理图，熟悉电路的结构和功能，熟悉各功能电路的关键检测点，切忌在不了解情况下动手乱

拆乱焊。

② 目前 DVD 机大多采用的是开关稳压电源。由于电网电压直接整流进入开关电路，所以机器内部整流电路局部可能带有高压交流电，在维修时要注意人身安全。另外，由于开关稳压电源的地线和信号部分的地线电位不等，极易造成电源短路，从而导致机内电子元器件的损坏。为此，在检修开关电源型 DVD 机时，应在交流电网与 DVD 机之间接入 1:1 的隔离变压器。

③ 准备好必要的检修工具，如电烙铁、焊锡、酒精、棉球、万用表、示波器等一些常用的维修工具。另外，许多进口的 DVD 机采用 110V 或 100V 交流电压供电，维修这种机器还要准备一只 220V/110V 的电源变压器。

④ 目前生产的 DVD 机是一种高精度的机电一体化的电子产品，电路结构复杂，故障具有复杂性和多样性，与其他家用电子产品相比维修难度较大。但是每种故障的出现，从故障部件和症状表现来说，必然存在内在的关联和规律。DVD 机主要可分为电路部分、机械传动部分和激光头部分，不同部分的故障特点也各不相同。掌握这些规律，熟悉每个部分的功能和发生故障时的特点，对解决故障是非常重要的。

（2）DVD 机常用的检修方法

① 直观检查法：直观检查法是最简单的方法，也是检修 DVD 机中首先采用得方法。它是通过维修人员的眼、耳、手、鼻等直观感觉，用看、听、摸、闻等最基本的手段，对设备的故障现象进行检查判断，以便发现和排除故障。

② 万用表测试法：虽然 DVD 机中充满着数字信号，但检修时仍然离不开万用表，可以利用万用表进行测量电压、电流和电阻等。电压法主要测量电源的供电电压、集成电路供电端的电压和某点的静态电压参考值。电流法主要用于测量激光二极管的供电电流。电阻法主要用于判断某个元器件的好坏。

③ 波形测试法：由于 DVD 机内部传送数码信息时均按一定的时钟节拍进行，在其信号处理的各个部分常有其独自的时钟信号，

并且某些信号常有其独特的波形，因此通过示波器观测波形对判断故障所在非常有效。当一个水平较高的维修技术人员借住仪器检测波形时，若能对照原理图上标注的标准测试波形来判断故障，可以起到事倍功半的作用，其检测准确度和速度都可以大大提高。

对于数字信号，一般不采用模拟信号的测量方法，即不能采用检测信号强度或测量信号通路的工作状态来判断故障。因为在用万用表测量时，这些端点的电压大都保持在一个高于 0V 或低于 5V 的某个电压值上，用电压的高低往往无法判断信号的有无和是否正确，因而只能从功能上来判断，或用示波器来观察其波形。需要注意的是，利用示波器检测波形正确与否来判断该级电路是否正常时，若采用普通示波器检测波形时不易保持同步，因而只能看到重叠的数字脉冲波形，波形的顶部和底部基线之间的幅度通常在 5V 左右。

采用波形测试法检修 DVD 机时，应重点测试如下信号波形：

① 各种伺服控制信号的波形；

② 从 DSP 输出到解压缩输出之间的数据信号的波形；

③ RF "眼图"的波形、EFM 信号输出波形；

④ 音视频输出部分的信号波形；

⑤ 各种时钟信号的波形。

测量上述信号波形时，应根据故障现象检查相关部位，不必全部检查，视具体情况而定。

13.3 DVD 机中的各种信号

一般激光设备如 CD-ROM、DVD-ROM、VCD 机、DVD 机等的光头经前置放大集成电路处理，都会形成 3 个重要信号：射频信号（RF 信号）、聚焦误差信号（FE 信号）和循迹误差信号（TE 信号）。

13.3.1 射频信号 RF

图 13-5 所示是 RF 形成等效电路。A、B、C 和 D 是 4 个感光二极管，经电流-电压转换后获得代表感光二极管受光强度的电压

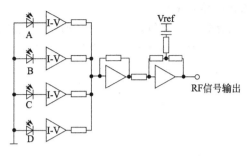

图 13-5　RF 信号形成等效电路

信号，然后经"加和放大器"放大，最后再经电压均衡放大对高频适当补偿，最后形成完整的 RF 射频信号，一般用表达式 $V_{RF}=K(A+B+C+D)$ 描述，其中 K 为通道总的电压放大倍数。需要注意的是，每种前置放大集成电路的处理方式稍有不同，K 值也各有差异。

　　RF 射频信号（眼图）的幅度和清晰度是判断激光设备光头读碟能力的重要技术图形。对于每种具体机型，可寻找专设的 RF 引脚进行输出和测试。用数字存储示波器动态观察 RF 射频信号不如模拟示波器直观，因此截屏并不是网眼图，与直接看屏幕不相同（人的视觉暂留效应）。如图 13-6 所示。

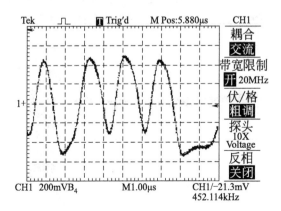

图 13-6　RF 信号波形

13.3.2 聚焦误差信号 FE

同 RF 形成等效电路类似，如图 13-7 所示，把经电流-电压转换后获得代表感光二极管受光强度的电压信号 A 与 C 组合，B 与 D 组合，然后相减放大，形成完整的 FE 误差信号，一般用下面表

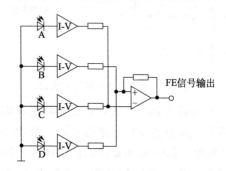

图 13-7　FE 信号形成等效电路

达式 $V_{FE}=K'[(A+C)-(B+D)]$，其中 K' 为通道总的电压放大倍数。聚焦误差信号 FE 反映伺服系统聚焦跟踪的能力，聚焦良好时 FE 振幅较小，如图 13-8 所示。

13.3.3 循迹误差信号 TE

图 13-9 所示为循迹误差信号 TE 形成等效电路，把经电流-电压转换后获得代表感光二极管受光强度的电压信号 E 和 F 分别经

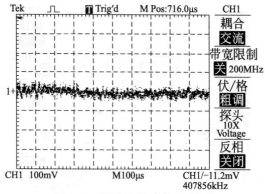

图 13-8　聚焦良好时的 FE 波形

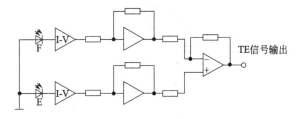

图 13-9　TE 形成等效电路

电压放大，然后相减放大，形成完整的 TE 误差信号，一般用表达式 $V_{TE} = K''(E-F)$，其中 K'' 为通道总的电压放大倍数。循迹误差信号 TE 反应伺服系统循迹跟踪的能力，循迹良好时 TE 振幅较小，如图 13-10 所示。

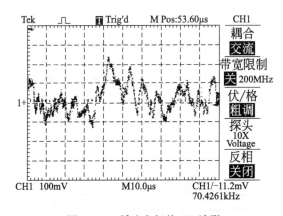

图 13-10　循迹良好的 TE 波形

一般来说，正常工作时聚焦误差信号与循迹误差信号相比聚焦误差信号频率较低、振幅较小，这是由激光头的结构决定的，如图 13-11 所示。4 个主要感光二极管 A、B、C 和 D 处于中心位置，两个辅助感光二极管 E 和 F 处于外侧位置。当聚焦良好时，由聚焦误差信号表达式可知 V_{FE} 很小，与此同时感光二极管 E 和 F 受光较少，所以电路插入一级电压放大器，见图 13-9。正常工作时，循迹误差信号比聚焦误差信号大，这一点也可以由图 13-8 和图 13-10 波形反映出来。

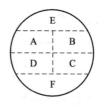

图 13-11 激光头感光二极管结构模型

13.3.4 数字音频信号

在 CD、VCD、DVD 机中有 3 个非常重要数字信号，它们是 LRCK（左右通道选通时钟）、BCK（串行位时钟）和 DATA（音频数据信号）。在 VCD 中，LRCK 和 BCK 是恒定不变的。其中 LRCK 为 44.1kHz（无数字滤波时）或 88.2kHz（有数字滤波时），也就是音频信号的采样频率，如图 13-12 所示。BCK 为 1.4112MHz（CD-DA 部分的系统时钟为 11.2896MHz）或 2.1168MHz（CD-DA 部分的系统时钟为 16.9344MHz），如图 13-13 所示。DATA 有可能为高、低电平交错，有可能连续几个高电平，或连续几个低电平，也可能为其他类型，见图 13-14。除了这 3 个数字信号以外，D/A 转换器还需要 16.9344MHz 工作时钟，见图 13-15 所示。

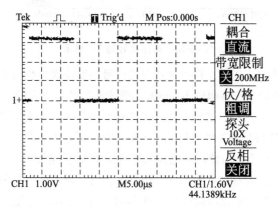

图 13-12 LRCK 信号

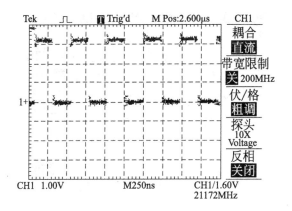

图 13-13　BCK 信号

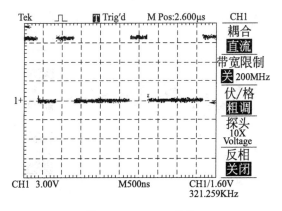

图 13-14　DATA 信号

13.3.5　音频信号

音频信号是最常遇见的电信号。普通音频信号无规律性，振幅时大时小，见图 13-16。需注意的是，为测试需要而设计的单频音频信号则呈周期性。

13.3.6　视频信号

在 DVD 机维修工作中，视频信号是仅次于音频信号的电信号。视频信号呈周期性，用"自动设置"步骤测量时，按"触发菜单"→选择"视频"，见图 13-17（扫描线"同步"）。

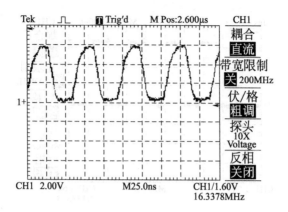

图 13-15　时钟 16.9344MHz 信号

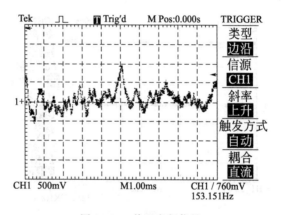

图 13-16　普通音频信号

现在许多 DVD 都有超级视频（S-VIDEO）输出，它们为亮度信号 Y 和色度信号 C，见图 13-18。超级视频（S-VIDEO）的水平解析比普通视频高，所以广为采用。

13.4 DVD 机的检修关键点

13.4.1　RF 放大电路的关键点

RF 放大电路不良最直接的表现是机器不读盘或者读盘效果不好，检测的关键是用示波器观察 RF 信号波形是否正常。RF 信号

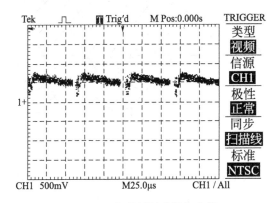

图 13-17　扫描线同步视频信号

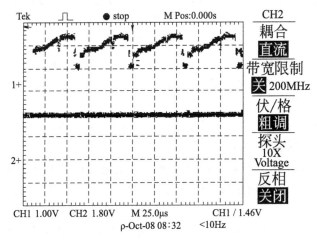

图 13-18　亮度信号 Y 和色度信号 C

波形也称为"眼图"。RF 信号是一个十分重要的信号，RF 放大电路一般专设有一个引脚进行输出和测试，可使用示波器方便地进行测量。正常时，在 RF 测试点上应能够看到清晰的"眼图"，如图 13-19 所示。如果眼圈的眼眶模糊，则说明聚焦偏置未调好。RF 信号的幅度一般应达到 1V（峰-峰值）以上，会出现一个清晰的 RF 图案。RF 信号正常，说明激光头、电源系统、控制系统及聚

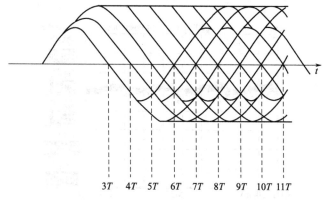

3T 4T 5T 6T 7T 8T 9T 10T 11T

图 13-19   RF 信号波形

焦功能基本上正常。RF 信号是判断 DVD 机读盘不良故障最为重要的检测点。

　　检修 RF 放大电路时，需注意以下 5 点。

　　① 检测眼图波形时，探头地线的接地点选择很重要，若接地点选择不当，会造成无论怎样调整"眼图"，"眼图"都模糊不清的现象。

　　② 将示波器 X 轴扫描设置在 5ms/格，眼图波形包络应该比较平坦，否则说明循迹伺服不稳定。

　　③ 观察示波器荧光屏上显示的眼图波形内部网纹是否清晰，若模糊不清，应调整聚焦伺服电路，使此时打在盘片上的光点聚焦最佳。

　　④ 若波形幅度过小，在排除激光头和外围电路不良的情况下，说明 RF 放大电路不良。

　　⑤ 有时由于种种原因无法检测到 RF 信号，此时可用测试 RF 钟形脉冲幅度的方法来判断 RF 放大电路工作是否正常。首先开启电源，使机器处于聚焦搜索状态，将示波器接至 RF 测试点观察，会看到随着物镜与碟片间的距离变化，示波器上显示的脉冲会上下跳动，而且脉冲的幅度正比于激光头的发光强度，正常激光头产生的最大脉冲幅度峰-峰值应大于 1.4V，若低于 0.8V，在激光头正

常的情况下，说明 RF 放大电路不良。另外，还可采用替换法排除 RF 放大电路故障。

13.4.2 超大规模数字集成电路的关键点

在 DVD 视盘机中，像解压缩芯片、微处理器这样的超大规模数字集成电路，集成度高、引脚多，检查和更换都很困难。但是，这些集成电路本身损坏的可能性很小。一般，应先查外围器件和集成电路的复位、时钟、供电这三个正常工作的必要条件，以此来推断故障部位。如果最后仍然不能解决故障，也不要轻易拆换集成电路，因为拆换不是一件容易的事情。由于目前数字器件价格已经不高，大多数情况下是更换对应的电路板。

万利达 DVD 机（DVD—N980 型）的复位电路如图 13-20 所示。接通电源后，电源电路输出 D＋5V 直流工作电压送至主板与伺服板。复位电路 U14 5 脚通电后，从 1 脚输出一个复位脉冲，送到 U5 52 脚对 U5 进行复位，该复位脉冲经 JMP3② 分别送至 U10 44 脚、U9 1 脚、U8 1 脚与 U5 71 脚进行复位，U5 复位后从其 73 与 74 脚输出复位脉冲。U5 74 脚输出的 SYSRST 脉冲分别送至 U15 13 脚、

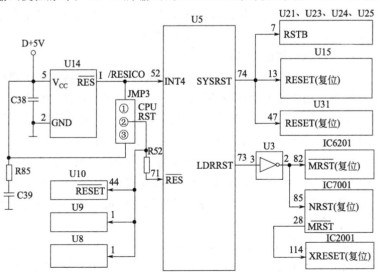

图 13-20　万利达 DVD—N980 型复位电路

U31 47 脚、U21、U23、U24、U25 7 脚进行复位；U5 73 脚输出的复位脉冲经 U3 反相器后送到伺服板中的 IC6021 82 脚、IC7001 85 脚进行复位，再由 IC7001 28 脚输出复位脉冲送到 IC2001 的 114 脚进行复位。复位结束后，整机进入正常工作状态。

13.4.3　电源系统的检修关键点

电源向电路供电的各端电压用万用表测量起来比较方便、快捷，在电源输出点测量电源供电电压是否正常，可排除故障的电源因素，有利于孤立其他有源或无源器件的故障。

采用双电源供电时，常见的 DVD 机的供电电压有 ±5V、±8V 和 ±12V 等。其中 ±5V 电压供给各集成电路，±8V 电压供给各伺服电路，±12V 电压供给各运算放大器和模拟滤波器等。单电源供电时无负电压。

普及机的显示部分多数采用液晶显示屏，高档机则采用荧光显示屏。前者采用 +5V 电压电源供电；后者采用 -20～-30V 电压电源作为阴极供电，外加交流 3.5V 电压电源或直流电源作为灯丝供电。

通过测量上述电源输出端电压是否正常，可大致判断是电源电路发生故障，还是其他负载回路出现故障。

13.4.4　伺服环路的关键点

由于 DVD 机大都采用数字伺服环路，其集成电路本身出现的故障较少，通常是数字伺服外围元器件出现故障的可能性较大，如接在 RF 放大电路 CP、CB 脚、伺服电路的 VCF 脚及 APC 放大器的基极的滤波电容器，容易虚焊、脱焊或漏电等。

伺服环路驱动放大器的输入端也是一个关键检测点。例如，聚焦、循迹、进给及主轴伺服驱动放大器的输入端，即标有 FE、TE、SE 等的引脚，这几个关键点的电压在停机和播放时具有不同的值。

另外，盘仓加载电机伺服由 CPU 控制，在盘仓处于进仓完成状态或出仓状态时，两个检测脚均为高电平；当出仓动作完成或进仓动作完成后，上述两个引脚中有一个为低电平。

13.4.5 信号通路的关键点

信号通路是指集成电路的数字音频信号、数字视频信号及模拟音频信号、模拟视频信号的传输通道，其检测点为上述各通道的输入、输出端口。

对于数字信号，用示波器测量，观察到的为一个接近5V的不规则脉冲波形；对于模拟音频信号则在示波器上可看到音频信号波形；对于模拟视频信号，则在不同的测试点上可看到R、G、B基色信号、亮度信号、色度信号和全电视信号。若以测试光盘的彩条信号作为输入信号，上述各种波形皆有稳定的特定图像。

13.4.6 时钟系统的关键点

时钟系统一旦出现故障，整机将陷入混乱而不能正常工作，甚至不能开机。各种时钟均以CPU主时钟为核心，其他时钟信号则由主时钟分频后得到，且各负其责。CPU本身的工作时钟，决定了CPU的指令周期，通常采用频率为4～10MHz左右的晶振，然后经分频产生；而主时钟则和系统电路的设计有关，通常选用11.2896MHz或16.9344MHz及其倍频。

13.5 示波器在DVD机检修中的应用

维修实例 1

故障现象： 一台万利达N900R型DVD机屏幕上有开机画面，但不能自检且无图像显示，面板上所有功能键均失效。

故障分析与检修：

由于有开机画面，说明电源电路、机芯与解压电路基本正常，导致这种故障的原因大多与伺服电路、显示接口电路或显示驱动电路有关。

图13-21所示电路为该机型的伺服电路。利用示波器检测IC3（MT1388E）158脚上的复位信号正常。再对IC3（MT1388E）集成电路各引脚上的相关电路与元器件进行仔细检查，发现其24脚

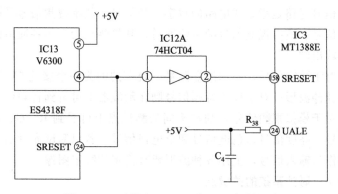

图 13-21　万利达 N900R 型 DVD 伺服电路

外接的电阻 R_{38} 一端虚焊，重新补焊后，通电试机，故障排除。

维修实例2

故障现象： 一台万利达 N900R 型 DVD 机开机画面正常，约 20s 后出现屏显，碟片转速异常。

故障分析与检修：

根据故障现象，由于约 20s 后出现屏显，激光头基本正常，故障可能出在 DSP 电路。开机后测量 DSP 控制集成电路 U3（MT1388E）的时钟振荡电路，用示波器和频率计测试发现其振荡频率为 11.289MHz，而正常应为 33.868 MHz，由此判断晶振或时钟振荡电路有故障。当时钟振荡电路出现故障后，DSP 工作时钟异常，导致主轴伺服电路异常。同时由 DSP 送到前面板 PT6311 的数据、时钟也不正常，将最终导致此故障发生。电路如图 13-22 所示。

由于这是一个三倍基波振荡器，当 LC 支路开路或不良时，它就只工作于基波频率 11.289MHz，仔细检查发现电容 C_{202} 一端虚焊。

补焊电容 C_{202} 后，故障排除。

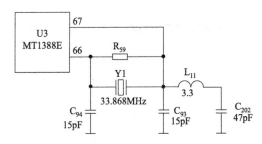

图 13-22   三倍基波振荡器电路

维修实例 3

故障现象：一台万利达 DVP-810 型 DVD 机，人工操作按键时机器不动作，操作遥控器正常。

故障分析与检修：

当人工操作面板上的"进/出仓"键而机器不动作时，应重点检查按键。可通过"进/出仓"键的信号波形来判断按键是否有故障。

打开机器外壳，连接示波器与机器的操作显示电路板，将示波器的接地夹连接到外壳上，用示波器探头碰触"进/出仓"键焊点。当按下"进/出仓"键后，在示波器上可观察到相应的信号波形，如图 13-23 所示。

若按下"进/出仓"键后，看不到图 13-23 所示的波形，说明操作控制电路或相关按键出现故障。

除上述检测外，还可以按住"进/出仓"键不放来观察信号波形。同样，用示波器探头碰触"进/出仓"键焊点，测得的信号波形如图 13-24 所示。若示波器上没有测得图 13-24 所示波形，也说明操作控制电路或相关按键出现故障。

若人工操作"播放/暂停"键或其他按键不起作用，机器依然可以播放，同样也可采用上述方法进行检测。

只要将操作显示电路板拆卸下来，对相应的按键进行检查和维修或更换，就可排除故障。

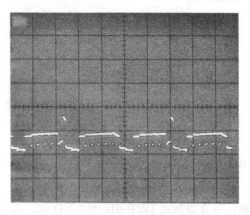

图 13-23　按下"进/出仓"键后示波器显示的信号波形

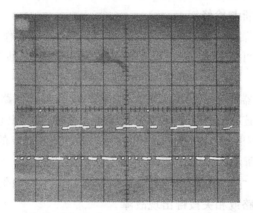

图 13-24　按住"进/出仓"键不放时示波器显示的信号波形

维修实例4

　　故障现象：一台万利达 DVP-368 型 DVD 机，播放碟片时，碟片时转时停，不能读盘；播放 VCD 碟片时纠错极差，有时读不出。

　　故障分析与检修：

　　故障分析和检修：

　　首先用示波器检测 U6（BA6603S）的 57 脚 RF 信号，波形非常模糊，怀疑是激光头损坏，更换后无效。通电后准备检测主板背面的电压时，正在播放的 VCD 碟片图像画面突然清晰，完全正常；更换 DVD 碟片，碟片依然不转。由此判定主板存在接触不良故障。断电后，仔细检查主板，未发现元件有虚焊现象。再次重新通电试机，发现当手碰触激光头与主板的排线时，读碟变得完全正常。取下激光头检查排线，发现排线被压过的地方痕迹很深，怀疑存在接触不良故障。

更换一条 JP26-0.5mm 的排线后，通电试机，故障排除。

维修实例 5

故障现象：一台万利达 DVP-368 型 DVD 机，DVD 碟片不能读，而 VCD 碟片时纠错能力很差。

故障分析与检修：

出现此类故障，可能是机芯、激光头到 DSP 整个伺服环路中有问题。通电开机，用示波器检查 RF 前置放大 U6（ES6603S）的 57 脚 RF 信号，发现 RF "眼图" 波形幅度只有 0.2V（峰-峰值），且信号极不稳定。怀疑是激光头有问题，更换后故障依旧，因此判断故障出在伺服电路、解压板上。用示波器检查 RF 放大集成电路的主要引脚的波形及电压，伺服驱动 U10（BA5954）输入、输出控制的聚焦、循迹、主轴、进给伺服电压，均正常。怀疑 RF 信号幅度低是由 U6 引起的。

更换 U6（ES6603S）后，故障排除。

维修实例 6

故障现象：一台松下 880CMC 型 DVD 机，碟片重放时，与其连接的电视机屏幕上图像基本正常，但扬声器无声音。

故障分析与检修：

这种故障通常与音频信号处理电路有关，该机型的音频信号处理电路如图 13-25 所示。

首先对音频信号处理电路进行检查，接通电源开机，在重放状

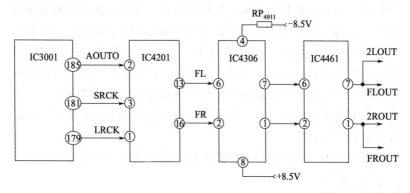

图 13-25 松下 880CMC 型 DVD 机音频信号处理电路

态时，用示波器测量集成电路 IC3001 的 185、181 与 179 脚信号及 MUTE 信号均已加到解压电路板与 IC4201 的 2、3、1 脚，测量 IC4201 的 13、16 脚上的波形也正常。

检查集成电路 IC4306 的输入端 6、2 脚上的信号波形正常，但其 1、7 脚无信号输出。再用万用表测量 IC4306 的 8 脚上的电压为 8.5V，也正常，但 4 脚上的电压为 0V（正常应为 -8.5V），检查发现保险电阻器 RP$_{4911}$ 的阻值为 ∞，显然 RP$_{4911}$ 已损坏。

更换同规格的保险电阻器后，通电试机，故障排除。

维修实例7

故障现象：一台松下 A100 型 DVD 机对质量较差的碟片不能重放。

故障分析与检修：

该机不能重放质量较差的碟片，说明该机的大部分电路正常，可能是激光头脏污或激光二极管发射功率变低所致。

接通电源，装入质量较差的碟片，用示波器测量 VEP96493C 电路板上 TP7002 测试点上的 RF 信号波形，与标准的 RF 波形相比，实测 RF 信号波形峰值只有标准值的 1/3。断电后，对激光头进行清洗，RF 信号波形峰值有所增大，但也只有标准值的 1/2。

由此怀疑是激光头老化。更换一个同规格（VXK1292）的激光头组件，接通电源，重放一些质量较差的碟片，机器工作恢复正常。

维修实例8

故障现象： 一台松下 A300G 型 DVD 机无屏显，且整机无反应。

故障分析与检修：

接通电源开机后，无屏幕显示，各操作按键均不起作用，整机无反应。根据故障现象，通常多与整机的工作电源电路有关。

接通电源开机后，测量 XS501 连接接插件上的电压与印刷电路板上所标的正常值相差较多。测量开关变压器 T502 上的 1 脚电压为 300V，基本正常。再测 IC501（KA3842）集成电路 7 脚上的电压 16V 偏高。用示波器测量 4 脚上无振荡波形，2、3 脚上的电压均为 0V。怀疑集成电路 IC501（KA3842）损坏。

更换一块同型号的 KA3842 后，通电试机，机器恢复正常，故障排除。

维修实例9

故障现象： 一台松下 A300MU 型 DVD 机，播放 AC-3 光碟图像正常，但中置声道无声。

故障分析与检修：

图像正常但无声，说明故障出在音频信号处理电路。取下 AV 板，检查中置声道插孔 J8004 的接触电阻正常，再检测插孔外围电路中的电阻、电容也正常。该机由音频解码器 IC4001（MN67730MH）的 48、49、55 脚输出数字音频信号，中置、超重低音信号经 IC4211（PCM1710UT1）的数/模转换，从其 13、16 脚输出，再经接插件 P24101 的 5、26 脚加至 IC4221（NJM4580M）的 2、6 脚，经 IC4221 放大处理后从音频输出插孔输出。通电后，用示波器检查 P42101 的 5 脚有正常的音频信号，IC4221 的 1、2 脚波形也正常，但 6、7 脚波形异常，仔细检查外围元件，发现电容 C4243（47μF/16V）已失效。

更换 C4243 后，故障排除。

维修实例10

故障现象：一台万利达 N980 型 DVD 机，刚开机重放时一切正常，但播放一段时间后，自动停止播放进入重新读碟状态，而后虽可以正常播放，但重放不久后故障又出现，如此反复。

故障分析与检修：

出现这种故障，通常与电源电路或视频解码电路有关，可先对这两部分电路进行检查。

接通电源，当故障出现时，测量整机的各路供电电压均正常。

测量数字视频编码集成电路 IC31（BT864AKRF）的模拟电路工作电压输入端 4 脚上的电压约为 5V，正常；数字电路工作电压输入端 46、37、23 脚上的电压为 5V，也正常；用示波器测量 47脚上的复位信号、43 脚上的 27MHz 的时钟信号、49 脚上的场同步脉冲信号、50 脚上的行同步脉冲信号均正常。

测量过程中，发现 IC31 集成块表面发烫，怀疑该集成电路不良。用镊子夹蘸有酒精的棉球对 IC31 进行冷却，故障可以排除，说明故障是由集成电路 IC31 热稳定性不良引起的。

更换同型号的集成电路 IC31 后，故障排除。

维修实例11

故障现象：一台步步高 AB915D 型 DVD 机碟片入仓后不久显示"NO DISC"字样。

故障分析与检修：

装入碟片对故障机进行观察，发现碟片可以正常运转一段时间后，显示屏显示"NO DISC"信息。怀疑是激光头组件或 RF 信号处理电路有故障。

打开机壳，在重放状态时，观察激光头进给、聚焦伺服、激光发射功能均正常，但不能读碟。由此判断故障可能出在 RF 信号处理电路。用示波器测量伺服信号处理集成电路 IC301（MN103S26EGA）111 脚与 110 脚输入信号基本正常，怀疑是集成电路 IC301 已损坏。

更换一块同规格的 MN103S26EGA 集成电路后，通电试机，机器恢复正常工作。

维修实例12

故障现象：一台步步高 DV-923 型 DVD 机不能进行重放。

故障分析与检修：

根据故障现象，故障可能出在激光头组件、RF 信号处理电路或伺服信号处理电路。

打开机壳，更换新的激光头组件，故障依旧，怀疑故障在 RF 信号处理电路。用示波器测量 RF 耦合电容器 C_{318}、C_{319} 上的"眼图"波形基本正常，怀疑故障出在伺服信号处理电路。测量伺服信号处理集成电路 IC301（MN103S26EGA）的 100 脚上的电压只有 0.3V（正常应为 1.5V）。断电后，对 IC301（MN103S26EGA）的 100 脚外接的元件进行检查，发现电容器 C_{313} 漏电。

更换同规格的电容器后，通电试机，故障排除。

维修实例13

故障现象：一台步步高 AB915D 型 DVD 机重放声音正常，但图像失真。

故障分析与检修：

该机碟片进出仓基本正常，重放时电视机屏幕上有图像有声音，但图像失真。这种故障通常出在视频编码或视频输出电路。

打开机盖，在重放状态时，用示波器测量视频编码集成电路 CS4955 的 44 脚输出的视频信号异常，说明问题出在视频编码电路。用万用表测量视频编码集成电路 CS4955 的工作电压正常，再测 44 脚与地线之间的电阻值接近 0Ω，正常值应为 75Ω，说明集成电路 CS4955 损坏。

更换同规格的 CS4955 后，通电试机，故障排除。

维修实例14

故障现象：一台步步高 AB907K 型 DVD 机无图、无声、无屏显。

故障分析与检修：

开机，观察显示屏灯丝点亮，检测开关电源输出电压正常，解码电路工作电压也正常。用示波器检测 27MHz 时钟电路，发现 VCK 无波形输出，怀疑该电路未起振。用万用表测 U218 的 1 脚电压为 1V，2 脚电压为 5V，因此可判断电容 C_{293} 漏电。

更换 C_{293}（20pF）电容器后故障排除。